U0307329

玛丽、弗朗索瓦、杨……
这个大家庭里的超级英雄们……
我很爱你们！

法式烘焙创意宝典

MICHALAK MASTERBOOK

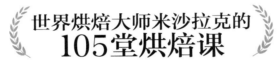

世界烘焙大师米沙拉克的
105堂烘焙课

CHRISTOPHE
MICHALAK

（法）克里斯托弗·米沙拉克／著
姚汩醽　殷宁／译

化学工业出版社
·北京·

序：一位超级美食家

当我们看漫画及电影的时候，谁都梦想过自己变得更加年轻，或是从小到大都还梦想着成为一名超级英雄。

就像看电影《蜘蛛侠》或《蝙蝠侠》时，我们会梦想变成大英雄。现在，我们还会萌生一个梦想——变身为甜点师！

在我们的生活中，那些超级英雄般的甜点师和他们的飞侠同伴太难被发现了。而我，就认识一个牛人，他就是超级美食家克里斯托弗·米沙拉克。

嘘——不要告诉别人哦！我悄悄地告诉你，这位超级英雄有着非凡的洞察力。他每天都在猎寻着自己热爱的美食。他的

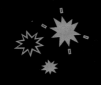

性格超凡脱俗，为人友善、简单、开放、有激情，但又桀骜不驯。他总是迫不及待地品尝各种美味，那些让他的味蕾充满奇幻、超级享受的味道更让他心旷神怡——唯有真正的超级美食家才会这样。

谢谢米沙拉克带领我们走进这宇宙般奇妙的创意美食世界。谢谢你为我们做的这一切。

你把你最热爱的甜点慷慨地分享给我们，让我感到很震撼。通过此书，我们感受到了你的个人魅力。这是一场真正的甜点盛宴，视觉、嗅觉与味觉的盛宴。

你用巧克力、开心果、香草、红色水果或橘子等种类丰富的原料做成的各式各样的甜品让人目不暇接。你创制的玻璃杯蛋糕、奇幻蛋糕、迷你蛋糕等为我们的生活调味，留下了甜美的印迹，带来了无尽的快乐。这些，只有超级英雄才能做到。

在这本书里，你为我们打开了一扇创意的大门，让我们能制作出如此美味的甜品。因为有你，我们所有人在一瞬间就能变成超级棒的美食家。

本书中，你一页一页地慷慨分享所有的甜品制作方法，你让自己生活甜蜜的同时也带给我们同样的甜蜜。分享与传播是生活中最美好的事情，谢谢你，米沙拉克！

菲利浦·康蒂辛尼
（世界甜点冠军
法国美食指南年度甜点师
玻璃杯甜点创始人）

第1章 烘焙基础

蛋糕坯类

奶油类

糖浆类

果酱类

05

第2章 奇幻蛋糕

第3章 玻璃杯蛋糕

第4章 迷你蛋糕

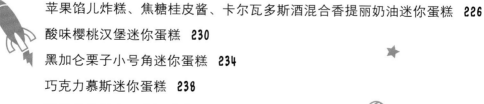

第5章 创意蛋糕

附录

08

克里斯托弗 · 米沙拉克

CHRISTOPHE MICHALAK

人们经常说，生活就是在不断地重复，但是这些与克里斯托弗的个性相去甚远。

难道，他有一个艰苦的童年吗？不用担心这些，因为在他的心中，生活总会很美好！

难道，是因为他父亲的教育给他带来了恐惧吗？也不用担心这些，因为他不会像父亲那样。传播爱成了他的人生信条！

难道，是因为他的师傅经常在阁楼上睡觉，对他置之不理吗？也不用担心。克里斯托弗在跟与他一起长大的师兄说话时，双眼充满着自豪。

总而言之，逆境成长使他找到了生活的平衡点。

"我的童年时代促成了今天的我"，他说这就是成功的秘诀。换做其他人也许会找很多的借口，但是克里斯托弗则从中获得了一股无穷的力量，这磨砺了他的意志。换做其他人也许会说这是为生活所迫，但是对于他则是源于对生活的无限热爱，他永远微笑地面对生活。

他有一种超凡的工作能力，从小就督促自己不停地训练。每分每秒，每一次机会他都非常珍惜。没有一个食谱可以逃过他的眼睛，他不知疲倦地尝试所有食物，他记住了每种食材、每种配方和每种创新做法。从他成为一名主厨开始，强大的烹饪记忆在他的脑海中从来没有停止过沉淀。伦敦、东京、纽约、布鲁塞尔、尼斯，这些地方见证了他每一步的成长，造就了如今的甜点大师。

奇妙的相遇与曾经的失落，以及国外那几年独特的经历，造就了他的个性。

即使是今天，他依然感觉有必要经常深入到另一种全新的文化中，循序渐进地去发现新的味道、气味，或者把自己沉浸在一种生活方式或学习中。当他每次探寻归来，都会带回满满的回忆。待他记录下沉甸甸的笔记满载而归，又马上开启了下一个创新的旅程。

他经常在变，创造出各种各样的创意蛋糕。他从来没有停留在自己熟知的知识上。他不断反复推敲旧的食谱，以更好地融入新的想法。他最害怕的就是：千篇一律！他不会满足已掌握的事物，总是在推陈出新。别人已经做过的，他不会再做！他要去探寻未知的领域，从不停止，永远向前……

但是，只是单纯地创新还不够，还需要分享。如果不去传播，知识便不存在。所以，几年前他就定下了一个目标：把他的经验、食谱、制作方法教给其他人。与更多的人交流同样启发了他的灵感。

美丽的故事由此展开：比如杰罗姆·奥利维，一个极具天赋的人，克里斯托弗视他为儿子，不断地发现他内在的天赋，一路陪伴他拿到世界冠军。现如今，杰罗姆·奥利维是同龄人当中最优秀的甜点师之一。

2013年9月，甜点文化传播在巴黎波尼丽大街60号开启。

首先，教授过程是克里斯托弗与他的三个厨师弗朗索瓦、杨和玛丽——一个由三位天才组成的团队一起配合，相互协作。他们都很年轻，才华横溢。克里斯托弗是多么乐于将知识传授给这三位未来的大师傅啊！他们拥有强烈的学习愿望，同时他们也源源不断地为克里斯托弗提供创意和想法。另外，克里斯托弗乐于教授给所有的甜点爱好者——那些热爱生活、充满热情的人。通过三个小时的课程，主厨们揭开了制作美食窍门的面纱，他们还会介绍其他可以带来惊喜的不起眼的食材。这些食材打破了简单蛋糕的套路，可以制作出独特的、有纪念意义的蛋糕。这不是一个工作间，而是真实的课程，每个人按照意愿，启发创意，提出问题，感受每一个甜品，重复每一个手法。就是这样简单地学习，为什么不呢，也许下一次就是你去传播给大家了呢。

"予人玫瑰，手留余香。"老师教学生，学生也会反过来教老师，这是一个良性循环。

在这个循环中，
美丽和甜品
带给生活甜滋味。

12

我的团队里都有谁？

以下是我的三位厨师，
他们也是即将登上冠军奖台
的选手。我对他们信心十足。
他们拥有与我同样的视野，
同时他们每一天都向更高一级进步。
与他们一起工作
我深感自豪！事实上，这不
仅仅是一个合作的团队，
更是我心中的家。

玛丽 MARIE

　　她来自法国里昂，现在定居巴黎。她在里昂的保罗博古斯（paul Bocuse）学院进修时期，遇到了来自世界各地的大厨，她从他们身上学到了很多东西。后来，玛丽去了同乡皮埃尔·奥尔西（pierre Orsi）创立的饭店，技艺得到了进一步提升。随后她来到了巴黎的星级饭店。在阿特内（Athénée）广场与我一起工作了一段时间，之后她又去了拉塞尔（Lasserre）饭店，与克里斯托弗·莫雷（Christophe Moret）一同工作，后来她又与让－弗朗索瓦·辛提拉（Jean-François piège）在同一组工作。由于具有丰富的工作经历，当她第二次回到我的组里，就获得了一个新的甜点师的工作职位。玛丽是精品课堂的太阳：永远笑盈盈的，专业性强，对每道甜品都了如指掌。对了，她还来自里昂（法国的很多大厨都来自里昂——译者注）。所以你们可以说她是被美食界"绑架"进来的。凭借她的努力，她为美食界带来了很多惊喜！而且她天天拥有好心情，她在课堂上有出色的表现，所有人都赞赏她的灵巧和坦率。

弗朗索瓦 FRANÇOIS

他有过在甜点店工作的丰富经验。弗朗索瓦曾飞往美国纽约工作了两年。之后他到了克里翁（Crillon）高级酒店锻炼，做主厨杰罗姆·舒塞斯（Jérôme Chaucesse）的助手。不久他就加入到我在阿内特广场的甜品工作室，成为了我的主厨助理。

令我特别高兴的是，弗朗索瓦跟随我一起来到了精品课堂，并且一起编写烘焙宝典的新篇章。

弗朗索瓦熟练地掌握甜点制作的基本功。他是队伍中的中坚力量，内心平静、烹饪精确、有条不紊，但是他总是表现得很酷，就像一个角斗士一样，他不断地向前，直到做到最优，什么都阻挡不住他！他那一丝不苟的精神让人钦佩。

杨 YANN

几年巴黎著名饭店的工作经历让杨成熟了很多，尤其是与主厨塞巴斯蒂安·布巴（Sébastien Burba）一起工作。后来，杨辗转于法国萨瓦省（Haute-Savoie）和瑞士的星级饭店之间：在日内瓦与塞尔日·拉布罗斯（Serge Labrosse）一起工作，之后又在杰罗姆·马梅特（Jérôme Mamet）的冰雪城堡里工作。这些工作经历为他日后的发展奠定了基础。

他28岁时录制了"谁是下一个伟大的甜点师"，那时他和我相遇了，好像这是命中注定的。

杨的才华就像一个定时炸弹，随时有可能爆炸式喷发。他又像一个电子遥控器，可以展现甜点的不同风格，所有的风格都那么高雅和谦逊。他又像一位忍者一样移动迅速，同时充满着好奇。他每天都在尝试着创造新的食谱，不断进取，从未停止。

外卖和精品课堂同样有一组
非常厉害的女生。她们在
幕后努力地工作着。没有她们，
就做不到今天。太棒了，女孩儿
们——柔伊（Zoé）、克拉拉（Clara）
和德尔斐妮（Delphine）！

如何使用这本宝典？

基础篇将带领你体会一些甜品的基础制作，全部是我创作的甜品。如果你用心，可以找到做甜点的要旨。

基础篇的每一节将制作甜品的基础知识一步步详细展开，然后，你可以从后面四章中学习制作奇幻蛋糕、玻璃杯蛋糕、迷你蛋糕和创意蛋糕。

在基础篇每页的最下面，你可以发现和甜品对应的页数以作参考。同样，在奇幻蛋糕、玻璃杯蛋糕、迷你蛋糕和创意蛋糕的每道甜品中，当你需要更具体的指导时，可以通过返回页指引你回到基础篇的步骤上，来温习已学习的内容。

不要犹豫，开启和实现你自己的创意——甜点美食都是可以任由你想象的！

翻到第306页的专栏"更多创意"，可以更多地帮助到你。

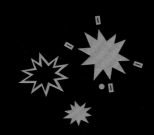

我的灵感

　　很多年以来，我跑遍了法国和全世界其他国家，去发现当地特产和由糖创造的食物。我最大的乐趣就是去品尝。随即我便把所有的味道归类，存进我的味觉记忆里。

　　然后，我创造了一系列食谱，每个食谱都会注明给我带来启发的人的名字。在我的内心里，我对所有从事甜点行业的朋友都非常尊重。但有一点我很难过，我发现很多人剽窃了我同事的食谱却没有注明出处。

　　当一个产品吸引我时，我总是尝试着以一个盲人的姿态，不去看食谱，先复原那份由它带来的感觉，之后我再去制作它，并带上我个人的触觉感受。我的大部分食谱都来自于这个过程。

　　跟随本书的每一页，我将为你掀开我灵感来源的面纱，这也给了我一个机会去致敬和致谢那些给我留下烙印，以及曾经或正在帮助我成长的人！

　　希望你阅读愉快！并且永远不要忘记标记你的食谱来源（如果这样做，你便是伟大的）！

第1章

烘焙基础

LES
BA-SIKS

19

20

制作：30分钟

汉堡蛋糕坯 BISCUIT BURGER

蛋清	90克
糖霜	45克
天然榛子粉	45克
砂糖	90克
柠檬汁	1滴
盐	1克
芝麻	4小撮
糖霜（撒表面）	少量

—— 制作汉堡蛋糕坯 ——

第1步

预热烤箱至150℃，蛋清在室温下放置。
过筛糖霜和天然榛子粉，
放入容器中，混合。

第2步

另一个容器里加入部分砂糖和蛋清，
把蛋清打成蛋白状，再加入一次砂糖，
加入一次柠檬汁和盐。

第3步

把第2步的蛋白和第1步混合的天然榛子粉
与糖霜轻轻地搅拌在一起。之后把它们
放入裱花袋中，在烘焙垫上挤出
一个个直径4厘米的小圆包。

第4步

在每个小圆包上撒上芝麻和糖霜，
放置5分钟，再撒上一层糖霜。
放入烤箱烘焙15分钟取出即可。

请翻到第232、263页，将温习如上内容。

第1步

第2步

第3步

第4步

榛子达克瓦兹蛋糕坯
BISCUIT DACQUOISE NOISETTE

蛋清	100 克
白榛子粉	40 克
天然榛子粉	60 克
糖霜	100 克
砂糖	25 克
黄油	20 克

■ 制作榛子达克瓦兹蛋糕坯 ■

第1步

预热烤箱至170℃，蛋清在室温下放置。
在烤箱里烘烤白榛子粉和天然榛子粉10分钟。
过筛糖霜，与已烤熟的白榛子粉
和天然榛子粉混合，
搅拌均匀。

第2步

在另一个容器里先加入1/3的砂糖和蛋清，
把蛋清打成蛋白状，之后再加入2/3的砂糖。
把蛋清与第1步混合的白榛子粉和天然榛子粉轻
轻搅拌，之后把它们放入裱花袋中。

第3步

在直径18厘米、高2厘米的模具中涂上黄油。
在模具底部放上一张烘焙纸，把第2步准备的混
合物均匀挤在烘焙纸上。
放入烤箱烘焙15分钟取出即可。

请翻到第163页，将温习如上内容。

制作：20分钟

马里尼巧克力蛋糕坯
BISCUIT CHOCOLAT MARIGNY

蛋清	70克
可可粉	15克
马铃薯淀粉	15克
面粉	15克
砂糖	70克
蛋黄	65克
黄油	30克
涂抹模具的黄油	20克

■ 制作马里尼巧克力蛋糕坯 ■
由皮埃尔·艾尔梅（PIERRE HERMÉ）制作

第1步

预热烤箱至180℃，蛋清在室温下放置。把过筛的可可粉、马铃薯淀粉和面粉混合在一起。

第2步

在另一个容器里把蛋清打成蛋白状，其间分三次加入砂糖，之后加入蛋黄，以中速混合打匀。最后用平铲结束混合过程。

第3步

在第2步的混合物中加入第1步过筛的混合粉以及30克熔化了的黄油（微波炉加热1分钟就好）。之后把它们放入普通裱花嘴中。在直径18厘米、高2厘米的模具中涂上20克黄油。在模具底部放上一张烘焙纸，把混合食材一圈一圈地挤到烘焙纸上。

第4步

用小抹刀把表面抹平。放入烤箱烘焙10分钟，取出即可。

请翻到第176、218页，将温习如上内容。

25

第1步

第2步

第3步

第4步

制作：22分钟

柠檬蛋糕坯BISCUIT CITRON

鸡蛋	50克
砂糖	80克
鲜黄柠檬	1个
高脂肪奶油	40克
橄榄油	20克
面粉	60克
酵母粉	1克
黄油	20克

—— 制作柠檬蛋糕坯 ——

第1步

预热烤箱至170℃。把鸡蛋、砂糖和鲜黄柠檬果皮碎末（用小刀沿着鲜黄柠檬外缘削出一层层的果皮）放到电动搅拌机中搅拌，直到体积微微膨胀至原来的两倍后，停止搅拌，然后加入高脂肪奶油。

第2步

把筛好的面粉与酵母粉混合，加入到第1步搅拌的混合物中，然后放入橄榄油。

第3步

将已准备好的食材填入普通裱花嘴中。在直径18厘米、高2厘米的模具中涂上黄油。在模具底部放上一张烘焙纸，把混合食材一圈一圈地均匀挤到烘焙纸上。

第4步

抹平表面，放入烤箱烘焙10～12分钟，直到变成金黄色取出即可。

请翻到第148、151、198、202、205和268页，将温习如上内容。

第2步

第1步

第3步

第4步

28

香草系列

香草蛋糕坯 BISCUIT VANILLE

砂糖	80克
鸡蛋	50克
香草荚	2根
高脂肪奶油	40克
面粉	60克
酵母粉	1克
橄榄油	20克
黄油	20克

—— 制作香草蛋糕坯 ——

由菲利普·康帝辛尼（PHILIPPE CONTICINI）制作

第1步

预热烤箱至170℃。把鸡蛋和砂糖加入电动搅拌机中搅拌，打成蛋白状。香草荚纵向分开，豆子拨进蛋白中，同时加入高脂肪奶油混合。

第2步

把筛好的面粉与酵母粉混合并过筛，之后加到第1步搅拌的混合物中，然后放入橄榄油。

第3步

将已准备好的食材填入普通裱花嘴中。在直径18厘米、高2厘米的模具中涂上黄油。在模具底部放上一张烘焙纸，把混合食材一圈一圈地均匀挤到烘焙纸上。

第4步

抹平表面，放入烤箱烘焙10~12分钟，直到变为金黄色取出即可。

请翻到第172页，将温习如上内容。

30

制作:
2小时10分钟

法式蛋白蛋糕坯

BISCUIT MERINGUE FRANCAISE

蛋清	100 克
糖霜	100 克
砂糖	100 克
碎杏仁焦糖	50 克

（做法参考第134页）

—— 制作法式蛋白蛋糕坯 ——

第1步

使用通风烤箱，预热至90℃。
蛋清在室温下放置。
然后，在容器里把蛋清打成蛋白状，
其间分三次加入砂糖。

第2步

用平铲将过筛的糖霜轻轻加入蛋白中。

第3步

把上述混合食材放入普通裱花嘴中，
然后在烘焙垫上挤出一个个直径7厘米的
小圆包。

第4步

把碎杏仁焦糖撒在小圆包上面。放入通风烤箱
中烘焙2小时，取出即可。

请翻到第275和299页，将温习如上内容。

第1步

第2步

第3步

第4步

制作：25分钟

热那亚蛋糕坯
BISCUIT PAIN DE GÊNES

杏仁块（杏仁含量70％）	100 克
鸡蛋	100 克
砂糖	45 克
牛奶	5 克
面粉	30 克
酵母粉	1 克
黄油	30 克
涂抹模具的黄油	20 克

—— 制作热那亚蛋糕坯 ——

第1步

预热烤箱至180℃。把杏仁块倒入搅碎机中，一边搅拌，一边加入鸡蛋使其混合。

第2步

把第1步准备的食材倒入电动搅拌机中，同时加入砂糖和牛奶混合。把过筛面粉和酵母粉加入其中。在平底锅中加热熔化黄油至45℃，然后加入搅拌机中。

第3步

在直径18厘米、高2厘米的模具中涂上20克黄油。在模具底部放上一张烘焙纸，把第2步中的混合食材倒在烘焙纸上。

第4步

抹平表面，放入烤箱烘焙15分钟，取出即可。

请翻到第 144 和 168 页，将温习如上内容。

33

第1步

第2步

第3步

第4步

34

枫之饼 BISCUIT ÉRABLE

杏仁块（杏仁含量70%）	65克	面粉	50克
鸡蛋	80克	酵母粉	1克
红糖	25克	盐之花	1克
枫糖	30克	黄油	55克
枫糖浆	30克	涂抹模具的黄油	20克
蘸湿蛋糕坯的枫糖浆	适量		

枫之饼
系列

■■■ 制作枫之饼 ■■■

第1步

预热烤箱至160℃。
把杏仁块放入搅碎机中搅碎成小块，同时加入
鸡蛋打碎混合。

第2步

把第1步准备的混合食材放入电动搅拌机中，
加入所有的糖及一部分枫糖浆，同时搅拌。由
于空气有氧化作用，搅拌过程中食材会不断乳
化。将过筛面粉、酵母粉和盐之花一起加到搅
拌食材中。用平底锅加热55克黄油至45℃，使
其熔化，然后也加进搅拌食材中混合均匀。

第3步

在直径18厘米、高2厘米的模具中涂上20克黄
油。在模具底部放上一张烘焙纸，把第2步中
的食材混合物倒在烘焙纸上。

第4步

抹平表面，放入烤箱烘焙15分钟取出。待降温
后，把蛋糕坯浸泡在适量枫糖浆中，然后放入
冰箱中存放。

请翻到第 180 和186 页，将温习如上内容。

特罗卡德罗开心果蛋糕坯
BISCUIT TROCADÉRO PISTACHE

糖霜	55克	砂糖	20克
开心果粉	25克	蛋黄	5克
马铃薯淀粉	8克	开心果酱	15克
白杏仁粉	30克	黄油	40克
蛋清	80克	涂抹模具的黄油	20克

━━ 制作特罗卡德罗 ━━
开心果蛋糕坯

由杨·百利（YANN BRYS）制作

第1步

预热烤箱至180℃。把过筛的糖霜、开心果粉和马铃薯淀粉放入容器中，再加入白杏仁粉及40克蛋清，用手动打蛋器混合在一起。

第2步

用手动打蛋器把剩余的40克蛋清加砂糖打成蛋白状。然后倒入第1步的混合食材中，同时加入蛋黄、开心果酱和40克熔化的黄油。

第3步

在直径18厘米、高2厘米的模具中涂上20克黄油。在模具底部放上一张烘焙纸，把搅拌好的食材倒在烘焙纸上。

第4步

抹平表面，放入烤箱烘焙15分钟，取出即可。

请翻到第155、194和222页，将温习如上内容。

38

制作：25分钟

维也纳蛋糕坯 BISCUIT VIENNOIS

蛋清	60克
蛋黄	40克
砂糖	105克
鸡蛋	100克
中筋面粉	50克

制作维也纳蛋糕坯

第1步

预热烤箱至180℃。
蛋清在室温下放置。
蛋黄与80克砂糖及100克鸡蛋混合在一起。

第2步

在另一个容器里分三次加入剩下的砂糖，
把蛋清打成蛋白状。
把第1步的混合食材和蛋白搅拌在一起，
之后把过筛中筋面粉倒入，并搅拌均匀。

第3步

把第2步准备的混合食材摊开在烘焙垫上，
成为35厘米×20厘米的矩形。

第4步

放入烤箱烘焙12~15分钟，取出切成小块即可。

请翻到第272页，将温习如上内容。

第1步

第2步

第3步

第4步

杏仁香提丽奶油
CRÈME CHANTILLY AMANDE

稀奶油（超高温处理，脂肪含量为35%）	250克
杏仁块（杏仁含量为70%）	50克
马斯卡邦尼奶酪	50克
苦杏仁	1克

**制作：10分钟
放置：1晚**

━━ 制作杏仁香提丽 ━━
奶油

第1步

用平底锅加热稀奶油和杏仁块，
使杏仁块软化。

第2步

把第1步准备的食材倒入一容器中，加入马斯卡
邦尼奶酪和苦杏仁。

第3步

用手持式搅拌机在容器中快速搅拌。
冷却后，用保鲜膜封口，放入冰箱冷藏1晚。
使用前用搅拌器打成白雪状。

请翻到第197页，将温习如上内容。

第1步

第2步

第3步

制作：15分钟
放置：1晚

象牙色香草香提丽奶油
CRÈME CHANTILLY IVOIRE VANILLE

稀奶油（超高温处理，脂肪含量为 35%）	250克
香草荚	1根
香豆	1/4个
法芙娜（VALRHONA®）象牙白 巧克力（可可含量为35%）	50克

—— 制作象牙色香草 ——
香提丽奶油

第1步

用平底锅加热稀奶油，把香草荚纵向割开，把豆子拨入稀奶油中，加入香豆，一起加热至沸腾。香草荚也可以都用香豆代替。

第2步

把切碎的巧克力放入容器中，用漏勺把第1步准备的已经沸腾的食材倒入容器中。
之后用手动打蛋器把混合物搅拌均匀。

第3步

冷却后，用保鲜膜封口，
放入冰箱冷藏1晚。
使用前用手动打蛋器打成白雪状。

请翻到第175、179、213和287页，将温习如上内容。

第2步

第1步

第3步

象牙色柠檬香提丽奶油

CRÈME CHANTILLY IVOIRE CITRON

稀奶油（超高温处理，脂肪含量为35%）	250 克
法芙娜（VALRHONA®）象牙白巧克力（可可含量为35%）	75 克
黄柠檬	1 个

— 制作象牙色柠檬 —
香提丽奶油

第1步

把稀奶油在平底锅中煮沸。

第2步

用小刀沿着柠檬外缘削取黄柠檬的果皮，
把切碎的巧克力与黄柠檬果皮碎末一起放入容
器中。倒入第1步煮沸的稀奶油。
用搅拌器把混合物搅拌均匀。

第3步

冷却后，用保鲜膜封口，放入冰箱冷藏1晚。
使用前用搅拌器打成白雪状。

请翻到第267页，将温习如上内容。

象牙色茉莉花茶系列

象牙色茉莉花茶香提丽奶油
CRÈME CHANTILLY IVOIRE THÉ JASMIN

稀奶油（超高温处理，脂肪含量为 35%）	350 克
茉莉花茶	15 克
法芙娜（VALRHONA®）象牙白巧克力（可可含量为35%）	45 克

—— 制作象牙色茉莉花茶 ——
香提丽奶油

第1步

把稀奶油在平底锅中煮沸。
把平底锅从炉灶上移开，
在锅中加入茉莉花茶，泡制3分钟。

第2步

把切碎的巧克力放入容器中，用漏斗把第1步准
备的混合物倒入容器中。
用搅拌器把它们搅拌均匀。

第3步

冷却后，用保鲜膜封口，放入冰箱冷藏1晚。
使用前用搅拌器打成白雪状。

请翻到第275页，将温习如上内容。

象牙色开心果系列

象牙色开心果香提丽奶油

CRÈME CHANTILLY IVOIRE PISTACHE

稀奶油（超高温处理，脂肪含量为35%）	250 克
盐之花	1 克
法芙娜（VALRHONA®）象牙白巧克力（可可含量为35%）	75 克
开心果酱	20 克

— 制作象牙色开心果 —
香提丽奶油

第1步

把稀奶油在平底锅中煮沸，
然后加入盐之花。

第2步

把切碎的巧克力与开心果酱一起放入容器中，
再倒入第1步煮沸的稀奶油，
用搅拌器把混合物搅拌均匀。

第3步

冷却后，用保鲜膜封口，放入冰箱冷藏1晚。
使用前用搅拌器打成白雪状。

请翻到第155、221和231页，将温习如上内容。

制作：10分钟
放置：1晚

栗子香提丽奶油
CRÈME CHANTILLY MARRON

稀奶油（超高温处理，脂肪含量为35%）	150 克
栗子酱	90 克
栗子奶油	45 克
栗子泥	30 克

━━ 制作栗子香提丽 ━━ 奶油

由菲力普·利克勒（PHILIPPE RIGOLLOT）制作

第1步
用平底锅加热稀奶油。

第2步
在一个容器中加入栗子酱、栗子奶油和栗子泥，混合后，用手持式搅拌机搅拌。

第3步
边搅拌边倒入第1步加热的稀奶油。冷却后，用保鲜膜封口，放入冰箱冷藏1晚。

请翻到第235页，将温习如上内容。

第1步

第2步

第3步

制作：30分钟
放置：1晚

柠檬糖浆
CONFIT CITRON

黄柠檬	2个
黄柠檬汁	150克
水	100克
砂糖	100克

━━━ 制作柠檬糖浆 ━━━

由菲利普·康帝辛尼（PHILIPPE CONTICINI）制作

第1步

用水果刀削2个黄柠檬，留下果皮。用平底锅把水烧开，把黄柠檬皮放入锅里，煮开，将水倒掉，重新加水并再次煮开，一共煮3次。

第2步

在另一个平底锅中加入黄柠檬汁、水和砂糖混合。把柠檬皮加入混合糖浆中，用温火煮，直到柠檬皮半透明为止。

第3步

用手持式搅拌机搅拌。冷却后，用保鲜膜封口，放入冰箱冷藏1晚。

请翻到第253页，将温习如上内容。

第1步

第2步

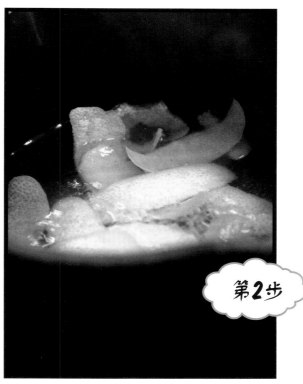

第3步

橙子糖浆
CONFIT ORANGE

橙子	1个
橙汁	55克
砂糖	35克

═══ 制作橙子糖浆 ═══

由菲利普·康帝辛尼（PHILIPPE CONTICINI）制作

第1步

用水果刀剔出1个橙子的果皮。
用平底锅把水烧开，
把橙子皮用沸水煮3次。

第2步

在另一个平底锅中加入橙汁和砂糖，
混合后把橙子皮倒入其中，用文火煮，
直到橙子皮半透明为止。

第3步

用手持式搅拌机搅拌。
冷却后，用保鲜膜封口，
放入冰箱冷藏1晚。

请翻到第279页，将温习如上内容。

制作：15分钟

度思糖浆
CONFIT DULCEY

无糖奶精	50克
葡萄糖浆	10克
法芙娜（VALRHONA®）度思金巧克力(可可含量为32%)	85克
黄油	10克
盐之花	2克

—— 制作度思糖浆 ——

甜品来自法芙娜顶级巧克力学校

第1步

用平底锅加热无糖奶精和葡萄糖浆。

第2步

把切碎的巧克力放在容器中，倒入第1步加热的
无糖奶精和葡萄糖浆。

第3步

在容器中加入黄油和盐之花，用手动打蛋器把
混合物搅拌成乳状，最后冷却。

请翻到第161页，将温习如上内容。

55

第1步

第2步

第3步

制作：10分钟
放置：1晚

覆盆子糖浆
CONFIT FRAMBOISE

覆盆子泥	200 克
葡萄糖浆	20 克
NH果胶	2 克

—— 制作覆盆子糖浆 ——

第1步
覆盆子泥、葡萄糖浆和NH果胶一起
倒入平底锅中。

第2步
充分混合，煮沸。

第3步
搅拌，冷却后用保鲜膜封口，
放入冰箱冷藏1晚。

请翻到第152、291页，将温习如上内容。

第1步

第2步

第3步

杏糖浆
CONFIT ABRICOT

杏泥	200克
葡萄糖浆	20克
NH果胶	2克

——— 制作杏糖浆 ———

第1步
把杏泥、葡萄糖浆和NH果胶一起
倒入平底锅中。

第2步
充分混合,煮沸。

第3步
搅拌,冷却后用保鲜膜封口,
放入冰箱冷藏l晚。

59

草莓糖浆
CONFIT FRAISE

草莓泥	200克
葡萄糖浆	20克
NH果胶	2克

—— 制作草莓糖浆 ——

第1步
把草莓泥、葡萄糖浆和NH果胶一起倒入平底锅中。

第2步
充分混合，煮沸。

第3步
搅拌，冷却后用保鲜膜封口，放入冰箱冷藏1晚。

请翻到第156、205、250、269页，将温习如上内容。

草莓果粒
系列

草莓粒糖浆
CONFIT FRAISE AVEC MORCEAUX

草莓	100 克
草莓泥	200 克
葡萄糖浆	20 克
NH果胶	2 克

制作草莓粒糖浆

第1步

洗净草莓，切成一个个小方块。
把草莓泥、葡萄糖浆和NH果胶
倒入平底锅中。

第2步

充分混合，煮沸。

第3步

冷却后加入草莓块，使其粘在里面。
用保鲜膜封口，
放入冰箱冷藏1晚。

制作：10分钟
放置：1晚

果仁糖浆
CONFIT PRALINÉ

稀奶油（超高温处理，脂肪含量为35%）	85克
明胶片	2克
榛子果仁糖	130克

━━━━ 制作果仁糖浆 ━━━━

来自法芙娜顶级巧克力学校

第1步

把明胶片浸泡在水中。
煮沸50克稀奶油，
之后加入沥干水的明胶片。

第2步

把煮沸的稀奶油倒入一个容器中，加入榛子果
仁糖，然后加入剩下的稀奶油。

第3步

用手持式搅拌机搅拌，然后放入冰箱冷藏1晚。

请翻到第239页，将温习如上内容。

第1步

第2步

第3步

制作：35分钟

巴纽尔斯李子干覆盆子酱
COMPOTÉE PRUNEAU FRAMBOISE BANYULS

苹果	60克
去核李子干	60克
巴纽尔斯甜葡萄酒	60克
覆盆子	80克

—— 制作巴纽尔斯 ——
李子干覆盆子酱

第1步

把苹果和去核李子干都切成小块。

第2步

煮沸巴纽尔斯甜葡萄酒。加入李子干块、覆盆子和苹果块。

第3步

用文火煮20分钟，直到食材变成酱状，用手持式搅拌机搅拌均匀即可。

请翻到第197页，将温习如上内容。

第1步

第2步

第3步

香草梨苹果酱

COMPOTÉE POMME POIRE VANILLE

黄香蕉苹果	325克
西洋梨	150克
水	30克
砂糖	85克
香草荚	1 根

制作香草 梨苹果酱

第1步

把黄香蕉苹果和西洋梨去皮，切成小块。

第2步

在平底锅中把水煮沸，
加入砂糖以及香草荚，直至加热到113℃。
然后，加入苹果块和梨块。

第3步

用文火煮20分钟，直到所有食材变成果酱。
取出香草荚，用手持式搅拌机搅拌均匀即可。

请翻到第284页，将温习如上内容。

红色水果酱

COMPOTÉE FRUITS ROUGES

草莓泥	200 克
覆盆子泥	125 克
越橘泥	50 克
黑加仑泥	80 克

—— 制作红色水果酱 ——

把准备好的所有配料混合到一起加热，直到体
积浓缩至原来的一半即成。

请翻到第272页，将温习如上内容。

制作：5 分钟

草莓酱/覆盆子酱
COMPOTÉE FRAISE OU FRAMBOISE

草莓或覆盆子	250 克
草莓泥或覆盆子泥	75 克
青柠檬	1 个
青柠檬汁	10 克

制作草莓酱
或覆盆子酱

第1步

把新鲜水果切成小块。

第2步

把新鲜水果和水果泥在容器中混合。

第3步

将青柠檬的果皮削下，切碎。将青柠檬碎果皮和青柠檬汁放入第2步的混合物中，轻轻地搅拌。可按照个人口味，适当添加其他食材。

第1步

第2步

第3步

异国风情
水果系列

异国风情果酱
COMPOTÉE FRUITS EXOTIQUES

芒果	1个
西番莲	1个
芒果泥	70克
青柠檬	1个

制作异国
风情果酱

第1步

把1个芒果（1个凤梨或2根香蕉）切成小块。

第2步

加入芒果泥和西番莲果肉。

第3步

将青柠檬的果皮削下，切碎，加到第2步制成的混合物中，轻轻地混合搅拌。可按照个人口味，适当添加其他食材。

请翻到第213页，将温习如上内容。

咖啡炼乳
CRÈME ONCTUEUSE CAFÉ

哥伦比亚咖啡豆	20克	红糖	35克
明胶片	2克	雀巢速溶咖啡	3克
稀奶油（超高温处理，脂肪含量		盐之花	1克
为35%）	70克	法芙娜塔纳里瓦（TANARIVA）牛奶	
全脂牛奶	60克	巧克力（可可含量为33%）	60克
蛋黄	20克	黄油	40克

 制作咖啡炼乳

第1步

把明胶片浸泡在水中。
预热烤箱至170℃，烘焙咖啡豆10分钟，
然后取出，碾碎咖啡豆。

第2步

把雀巢速溶咖啡加上盐之花和稀奶油、全脂牛
奶，一起煮沸，然后加入第1步烘焙的咖啡碎。
封闭泡制10分钟。把蛋黄和红糖搅在一起，打
白。

第3步

用小漏勺过滤第2步泡制的牛奶。称量一下，
如果有必要，继续加入牛奶直到称重到130克。
倒入打白的蛋黄中，混合。之后再倒入平底锅
中，一边加热一边不停搅拌，直到83℃。

第4步

加入沥干水的明胶片和巧克力，混合。
关火，待温度降到40℃时，分次加入黄油，
一边加入一边用浸入式混合器搅拌。
冷却后用保鲜膜封口，放入冰箱冷藏1晚。

请翻到第217页，将温习如上内容。

第1步

第3步

第2步

制作：30分钟
放置：1晚

第4步

焦糖系列

焦糖炼乳 CRÈME ONCTUEUSE CARAMEL

砂糖	50克	蛋黄	20克
明胶片	1克	玉米淀粉	10克
全脂牛奶	140克	盐	1克
香草荚	1根	黄油	80克

制作焦糖炼乳

第1步

把明胶片浸泡在水中。
萃取焦糖，即把砂糖放入平底锅中加热熔化，
直到出现金黄色为止。

第2步

在另一个平底锅中放入全脂牛奶和香草荚，煮
沸，之后逐渐流到焦糖上。
把蛋黄和玉米淀粉混合。

第3步

把第2步热焦糖和奶的混合溶液
倒入蛋黄和玉米淀粉的混合物中，
之后倒回平底锅中，再次煮沸2分钟，
其间不停搅拌直到获得奶油酱的手感。

第4步

加入沥干水的明胶片，待混合食材温度降至
40℃时，加入盐，并分次加入黄油，一边加入
一边用浸入式混合器搅拌。冷却后用保鲜膜封
口，放入冰箱冷藏1晚。

请翻到第179、189页，将温习如上内容。

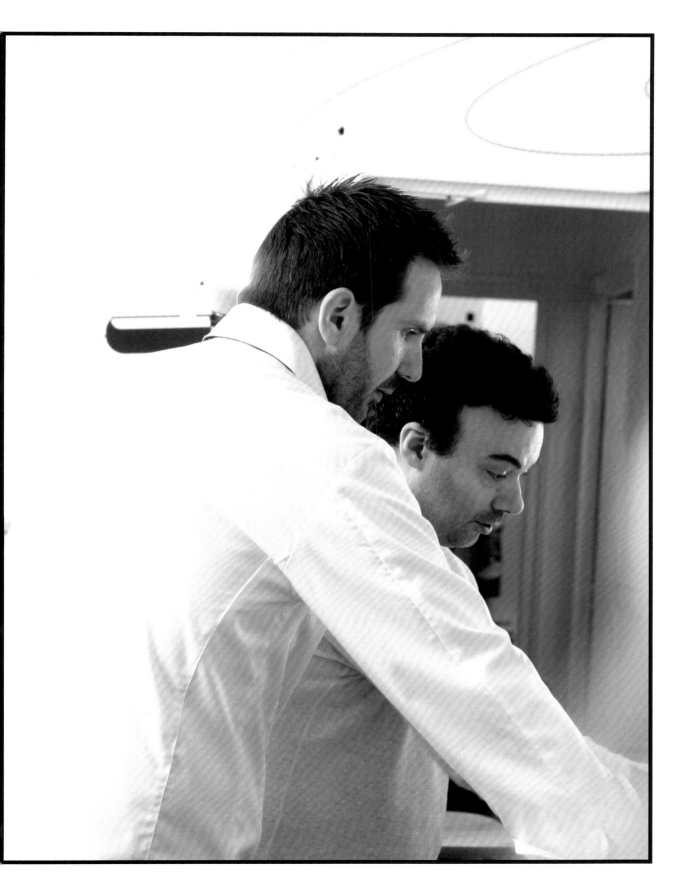

制作: 20分钟
放置 : 1晚

巧克力炼乳
CRÈME ONCTUEUSE CHOCOLAT

稀奶油（超高温处，脂肪含量为 35%）	85 克
全脂牛奶	85 克
蛋黄	30 克
砂糖	25 克
法芙娜加勒比（CARAÏBE）黑巧克力（可可含量为66%）	55 克
法芙娜圭那亚（GUANAJA）黑巧克力（可可含量为70%）	55 克
或法芙娜安东阿（ANDOA）黑巧克力（可可含量为70%）	110克

━━ 制作巧克力 ━━ 炼乳

第1步

用平底锅加热稀奶油和全脂牛奶。
在容器中混合蛋黄和砂糖，
充分搅拌，直到混合液变白。

第2步

把蛋黄和砂糖的搅拌食材与稀奶油和全脂牛奶
混合，然后把他们一起倒入另一个平底锅中，
加热到85℃，并不停地搅拌。
然后切碎巧克力，放入容器中，把加热的混合
食材放在巧克力上。

第3步

用手动打蛋器搅拌，之后再用手持式搅拌机有
力地混合。冷却后用保鲜膜封口，
放入冰箱冷藏/晚。

请翻到第 175 页，将温习如上内容。

第1步

第2步

第3步

吉安杜佳榛果巧克力炼乳

CRÈME ONCTUEUSE GIANDUJA

法芙娜加勒比（CARAÏBE）黑巧克力（可可含量为66%）	55克
法芙娜吉安杜佳榛果巧克力（可可含量为32%）	95克
稀奶油（超高温处理，脂肪含量为35%）	160克
蜂蜜	15克
黄油	15克
盐之花	1克

── 制作吉安杜佳榛果 ── 巧克力炼乳

第1步

把稀奶油和蜂蜜混合并煮沸。

第2步

把两种巧克力切碎后放入容器中，
之后把第1步的热混合液
倒在巧克力上。

第3步

用起泡器搅拌，之后再用手持式搅拌机有力地
混合。待温度降至40℃，分次加入黄油，一边
加入一边用浸入式混合器搅拌。然后加入盐之
花。冷却后用保鲜膜封口，放入冰箱冷藏1晚。

请翻到第279页，将温习如上内容。

度思系列

度思炼乳
CRÈME ONCTUEUSE DULCEY

法芙娜度思（DULCEY）金巧克力（可可含量为32%）	145克
明胶片	2克
全脂牛奶	40克
稀奶油（超高温处理，脂肪含量为35%）	160克
盐之花	1克

——— 制作度思炼乳

第1步

把明胶片浸泡在水中。把全脂牛奶、稀奶油和盐之花混合，煮沸。把锅从炉灶上拿走之后，加入沥干水的明胶片。

第2步

把切碎的巧克力放入容器中，之后把第1步的热混合液倒在巧克力上。

第3步

用起泡器搅拌，之后再用手持式搅拌机混合。冷却后用保鲜膜封口，放入冰箱冷藏1晚。

请翻到第159、185页，将温习如上内容。

80

制作: 20分钟
放置：1晚

香草炼乳
CRÈME ONCTUEUSE VANILLE

稀奶油（超高温处理，脂肪含量为35%）	180 克
香草荚	1 根
香熏豆	1/2 个
红糖	20 克
冷凝果胶	1 克
蛋黄	40 克
盐之花	1 克

—— 制作香草炼乳 ——

第1步

把香草荚纵向分开，去籽，
加入到稀奶油中煮沸，同时把香熏豆刮开，
把豆子一同拨入奶油中。
泡制一晚。

第2步

等到第二天，把之前准备的食材用漏勺过滤到
一个平底锅中，加热。充分混合红糖和冷凝果
胶，当锅内温度达到50℃时，把红糖和冷凝果
胶的混合液倒入锅中，再次煮沸。

第3步

把锅从炉灶上移走，加入蛋黄和盐之花。
用手持式搅拌机不停地搅拌2分钟。
冷却后用保鲜膜封口，放入冰箱冷藏1晚。

请翻到第171页，将温习如上内容。

第1步

第2步

第3步

开心果炼乳

CRÈME ONCTUEUSE PISTACHE

稀奶油（超高温处理，脂肪含量为35%）	240克
砂糖	30克
冷凝果胶	1克
蛋黄	50克
开心果酱	17克

制作开心果炼乳

第1步

用平底锅加热稀奶油和开心果酱。

第2步

混合砂糖和冷凝果胶，
当平底锅的温度达到50℃时，
把混合物加入一起煮沸。

第3步

把平底锅从炉灶上移走，加入蛋黄。
用手持式搅拌机不停地搅拌2分钟。
冷却后用保鲜膜封口，
放入冰箱冷藏1晚。

请翻到第221页，将温习如上内容。

制作: 20分钟
放置: 1晚

日本柚子炼乳
CRÈME ONCTUEUSE YUZU

日本柚子汁	45 克
明胶片	2 克
黄柠檬汁	20 克
牛奶	25 克
柠檬皮碎末	10 克
鸡蛋	75 克
砂糖	45 克
可可脂	15 克
盐之花	1 克
黄油	100 克

—— 制作日本柚子炼乳 ——

第1步

把明胶片浸泡在冷水中。
将日本柚子汁、黄柠檬汁、牛奶和柠檬皮碎末
一起放入平底锅中煮沸。

第2步

在另一个容器中混合鸡蛋和砂糖。
把第1步中味道芳香的牛奶混合液倒入容器中，
充分搅拌后再倒回平底锅中，一边搅拌一边再
次煮沸。把锅从炉上移走，加入沥干水的明胶
片、可可脂和盐之花。

第3步

当混合溶液温度降到40℃时，分次加入黄油，
一边加一边用浸入式混合器搅拌。
冷却后用保鲜膜封口，放入冰箱冷藏1晚。

请翻到第201、253页，将温习如上内容。

85

第1步

第2步

第3步

西番莲炼乳

CRÈME ONCTUEUSE FRUIT DE LA PASSION

西番莲泥	80 克
明胶片	1 克
砂糖	50 克
鸡蛋	100 克
黄油	65 克

制作西番莲炼乳

第1步

把明胶片浸泡在冷水中。
用平底锅煮沸西番莲泥。

第2步

在另一个容器中混合鸡蛋和砂糖。
之后倒入平底锅中，
再次煮沸并不停搅拌。

第3步

把锅从炉灶上移走，加入沥干水的明胶片。

第4步

当混合溶液温度降到40℃时，分次加入黄油，
一边加入一边用浸入式混合器搅拌。
冷却后用保鲜膜封口，放入冰箱冷藏1晚。

请翻到第257页，将温习如上内容。

88

制作：15分钟
放置：1晚

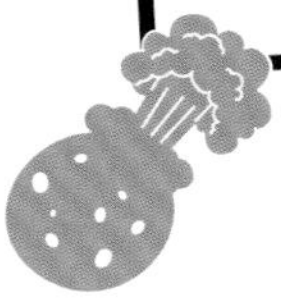

甜点炼乳
CRÈME PÂTISSIERE

全脂牛奶	210 克
香草荚	1 根
蛋黄	50 克
砂糖	35 克
鲜奶油粉	20 克
黄油	20 克

━━━ 制作甜点炼乳 ━━━

第1步

把全脂牛奶和香草荚放入平底锅中煮沸。

第2步

在容器中混合砂糖、鲜奶油粉和蛋黄。
把第1步中准备的香草牛奶倒入容器中1/3，
混合搅拌，之后再倒回平底锅中。

第3步

再次煮沸混合物，同时用起泡器不停地搅拌2分
钟。把锅从炉灶上移走，加入黄油，混合。冷
却后用保鲜膜封口，放入冰箱冷藏1晚。

第1步

第2步

第3步

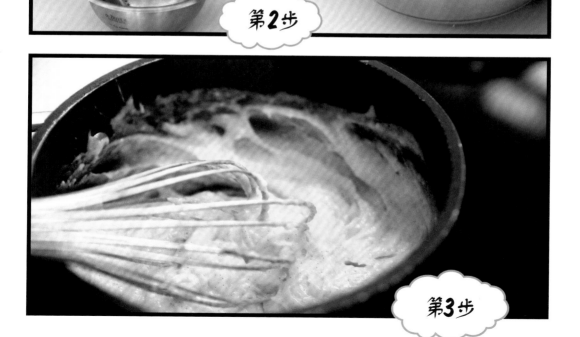

制作: 30分钟

杏仁脆皮
CROUSTILLANT AMANDES

黄油	60克
涂抹模具的黄油	20克
红糖	60克
精选杏仁	150克
中筋白面粉	10克

—— 制作杏仁脆皮 ——

第1步

预热烤箱至170℃。将精选杏仁切碎。把60克黄油和红糖加入罗伯特台式叶片电动搅拌机中。
搅拌之后，加入碎杏仁和中筋白面粉。

第2步

在直径18厘米、高2厘米的模具中涂上20克黄油。在模具底部放上一张烘焙纸，把第1步准备的食材倒在烘焙纸上。用勺子摊平表面。
放入烤箱烘焙10分钟取出即可。

请翻到第143 、167页，将温习如上内容。

第1步

第2步

制作：10分钟
放置：1晚

泡芙脆皮
CROUSTILLANT
POUR PÂTE À CHOUX

软黄油	50 克
红糖	60 克
中筋白面粉	60 克

制作泡芙脆皮

由史蒂芬·勒鲁（**STÉPHANE LEROUX**）制作

第1步

把所有食材倒入罗伯特台式叶片
电动搅拌机中搅拌。

第2步

把第1步的食材摊平在两张烘焙垫之间，
保持2毫米的间隙。

第3步

放入冰箱1小时，冷冻成形。用中空模具切成一
个个直径3厘米的小圆包。放入冰箱冷藏1晚。

请翻到第258页，将温习如上内容。

第1步

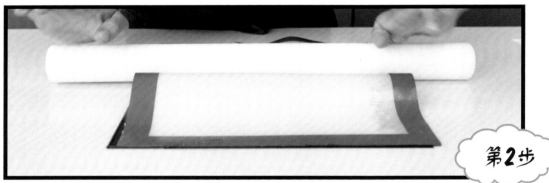

第2步

第3步

制作：55分钟
放置：1晚

无麸脆皮
CROUSTILLANT SANS GLUTEN

无盐奶油	35克
玉米淀粉	35克
糖霜	35克
马铃薯淀粉	10克
杏仁粉	20克
盐	1克
爆米花	35克
法芙娜象牙白巧克力（可可含量为35%）	35克
榛子仁糖	35克
榛子酱	35克
榛子	10克

━━━ 制作无麸脆皮 ━━━
由艾迪·本格姆（**EDDIE BENGHANEM**）制作

第1步

预热烤箱至170℃。烘焙榛子10分钟，取出后捣碎。在罗伯特台式叶片搅拌机中放入无盐奶油、玉米淀粉、糖霜、马铃薯淀粉、杏仁粉和盐一起搅拌。

第2步

调节烤箱温度降至150℃。在一张烘焙纸上撒上第1步混合的食材，使其分散开来，放入烤箱大约30分钟。之后取出冷却。

第3步

在平底锅中加热熔化巧克力，加入榛子仁糖和榛子酱，然后与爆米花、榛子碎末及第2步冷却的混合物一起在容器中搅拌。之后把搅拌好的混合物在烘焙垫上摊平，放入冰箱冷藏1晚。

请翻到第149、153、187、195、203、207、211、219、223和239页，将温习如上内容。

第1步

第2步

第3步

制作：22分钟

巧克力瓦片
TUILES CHOCOLAT

法芙娜圭那亚（GUANAJA）黑巧克力（可可含量为70%）	35克
水	30克
黄油	60克
可可粉	2克
砂糖	110克
NH果胶	2克
葡萄糖浆	35克

■■■ 制作巧克力瓦片 ■■■

第1步
预热烤箱至180℃。
把切碎的巧克力放入不锈钢容器中。

第2步
把水和葡萄糖浆倒入平底锅中，把混合好的砂糖和NH果胶也加入平底锅中，同时再加入黄油、可可粉，然后把混合食材煮沸。

第3步
把煮沸的混合物倒在巧克力上，搅拌混合后摊平在烘焙垫上，要摊得特别薄，之后放入烤箱烘焙10~12分钟。

请翻到第280页，将温习如上内容。

第1步

第2步

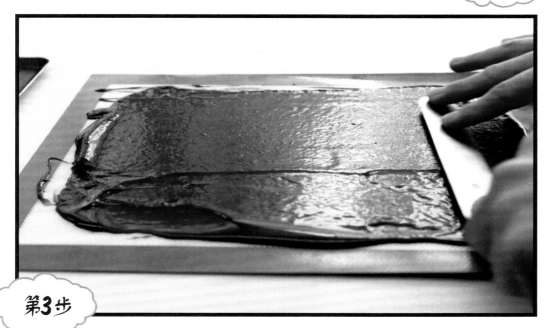

第3步

制作：18分钟

黑砂糖瓦片
TUILES MUSCOVADO

红糖	60克
黑砂糖	60克
黄油	50克
蛋清	80克
面粉	50克

▬▬ 制作黑砂糖瓦片 ▬▬

第1步

筛好面粉，用微波炉烘烤黄油使其熔化。
预热烤箱至175℃。
在容器中混合红糖、黑砂糖和面粉。

第2步

在第1步的混合物中加入蛋清，用搅拌器混合，
之后再加入熔化的黄油。不停地搅拌直到混合
物变为半流体状。将其倒入一个口袋中，并将
口袋打个结，以免流出液体。

第3步

将口袋底部剪一个3~4毫米的开口。
在模具上铺烘焙纸，沿着烘焙纸的长度，
在其上面划出一个个饱满的长条。
放进烤箱内，烘焙8分钟。

请翻到第246页，将温习如上内容。

99

第1步

第2步

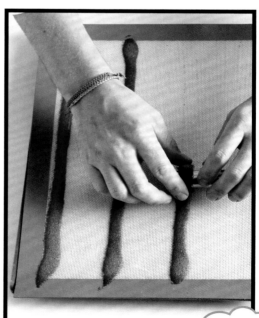

第3步

制作: 12分钟

杨 · 芒歌瓦片

TUILES YANN MENGUY

含盐黄油	30克
砂糖	30克

—— 制作杨 · 芒歌瓦片 ——

第1步
预热烤箱至190℃。
用微波炉轻度烘烤含盐黄油使其熔化。
用刷子在不粘模具的整个表面刷一层黄油。

第2步
在不粘模具上涂一层砂糖，
同时轻轻摇晃，使砂糖铺均匀。

第3步
把不粘模具放进烤箱内，烘焙2分钟。之后从烤
箱中取出，冷却1分钟，把表面的那层糖衣揭起
来，放置于干燥的地方。

请翻到第271、277和285页，将温习如上内容。

第1步

第2步

第3步

制作：10分钟

巴巴面团
PÂTE À BABA

面粉	130克
细盐	3克
砂糖	10克
鸡蛋	95克
全脂牛奶	60克
天然酵母	7克
黄油	30克

━━ 制作巴巴面团 ━━

第1步

预热烤箱至190℃。
在搅碎机中混入面粉、细盐和砂糖。

第2步

把鸡蛋一点一点地加入搅碎机中。
在平底锅中温热全脂牛奶
并把天然酵母加入其中，搅拌均匀。
然后倒入搅碎机中，并加入黄油，混合搅拌。

第3步

将第2步的混合物装入裱花袋中，并从袋口往巴
巴模具中挤，使其填满半格的量。
让面团在24℃的温度下膨胀30分钟，之后放入
烤箱烘焙20~30分钟取出即可。

请翻到第153、214页，将温习如上内容。

第1步

第2步

第3步

制作：10分钟

炸糕面团
PÂTE À BEIGNETS

中筋白面粉	100克
牛奶	100克
黄啤	45克
蜂蜜	30克
蛋清	45克
盐之花	1小撮

—— 制作炸糕面团 ——

第1步

过筛中筋白面粉和盐之花，之后加入牛奶和黄啤，用起泡器搅拌均匀。

第2步

加入蜂蜜。

第3步

把蛋清打白，加入到第2步的混合食材中搅拌均匀即可。

请翻到第227页，将温习如上内容。

105

第1步

第2步

第3步

制作：45分钟

泡芙面团

PÂTE À CHOUX

水	75克
全脂牛奶	75克
砂糖	3克
盐	3克
黄油	65克
涂抹平板的黄油	20克
中筋白面粉	80克
鸡蛋	150克

—— 制作泡芙面团 ——

第1步

在平底锅中加入水、全脂牛奶、盐、砂糖和65克黄油，煮沸。把锅从炉灶上移走，一次性加入中筋白面粉混匀，重新开火，1~2分钟后烘干面团，使其与锅内壁不粘。

第2步

把面团放入台式搅拌器中，用低挡搅拌。边搅拌边加入鸡蛋。之后装进普通裱花嘴中。

第3步

在甜点平板上均匀涂抹20克黄油，之后挤出10个直径3厘米的泡芙面团，均匀挤在平板上。把脆皮（制作方法见92页）撒在泡芙面团的上面，预热烤箱至230℃，关火，把泡芙包放入烤箱内烘12分钟。重新加热烤箱至160℃，泡芙包再烘焙12分钟，取出即可。

请翻到第160、258页，将温习如上内容。

第1步

第2步

第3步

制作：50分钟

林茨柠檬面饼

PÂTE À LINZER CITRON

糖霜	35克
马铃薯淀粉	20克
低筋白面粉	100克
黄柠檬（取果皮切碎）	1个
盐	2克
黄油	100克

制作林茨柠檬面饼

第1步

预热烤箱至160℃。

把过筛糖霜、马铃薯淀粉和低筋白面粉、黄柠檬的新鲜果皮碎末（一个黄柠檬制得）和盐混合。在电动和面搅拌机中搅动软化黄油，之后与混合粉一起搅拌，注意不要打得过分浓稠。

第2步

把第1步准备的混合物在两张厨房纸之间摊平，用叉子在平铺的面饼上戳几个洞。

第3步

将面饼放入烤箱20分钟取出即可。

请翻到第189、289页，将温习如上内容。

第1步

第2步

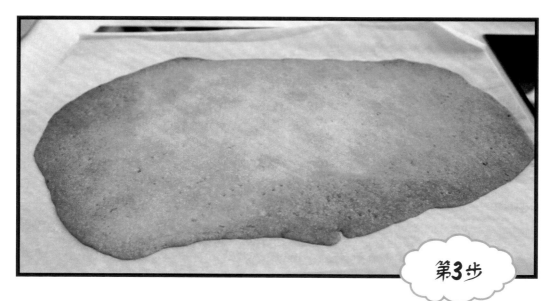

第3步

制作:20分钟

肉嘟嘟面团
PÂTE À ROUDOUDOU

含盐黄油	75克
红糖	60克
白杏仁粉	60克
中筋白面粉	60克
黄柠檬（取果皮切碎）	1/2个
盐之花	1克
薄脆片	20克

■■■ 制作肉嘟嘟面团 ■■■

第1步

预热烤箱至170℃。除了薄脆片，把所有配料倒入容器中搅拌，直到形成一个面团。
加入薄脆片，将食材在两张厨房纸之间摊平。
用卡环剪切出一个个直径4厘米的圆饼。

第2步

把剪切出的小圆饼放入直径5厘米的半圆硅胶模具的背面，放入烤箱烘焙10分钟，取出即可。

请翻到第249页，将温习如上内容。

第1步

第2步

制作：18分钟

法式油酥面饼
PÂTE SABLÉE MINUTE

软黄油	90克
涂抹模具的黄油	20克
糖霜	35克
盐之花	1克
面粉	80克

── 制作法式油酥面饼 ──

弗朗索瓦·多比内（FAÇON FRANÇOIS）的甜品秘籍

第1步

预热烤箱至180℃。
把过筛糖霜和面粉与90克软黄油和盐之花混合
在一起。把混合物装入口袋中。

第2步

在直径18厘米、高2厘米的模具中涂上20克黄
油。在模具底部放上一张烘焙纸，把混合物倒
在烘焙纸上。用抹刀刮平混合物。

第3步

放入烤箱烘焙8分钟取出即可。

请翻到第147、151、155、172和第180页，将温习如上内容。

第1步

第2步

第3步

制作：25分钟
放置：1晚

芝士蛋糕冰淇淋
CRÈME GLACÉE CHEESECAKE

牛奶	160克
稀奶油（超高温处理，脂肪含量为35%）	30克
葡萄糖浆	5克
砂糖	60克
蛋黄	10克
费拉德尔菲亚（PHILADELPHIA®）芝士	20克

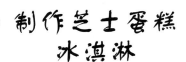

制作芝士蛋糕冰淇淋

第1步

在平底锅中加热牛奶和稀奶油至45℃，之后加入葡萄糖浆。

第2步

在容器中混合砂糖和蛋黄。把第一步准备的混合物趁热倒入容器中，之后再倒回平底锅中，搅拌均匀。加热平底锅直到85℃，一边加热一边搅拌。

第3步

在另一个容器中加入费拉德尔菲亚芝士，倒入第2步准备的混合物，之后用手持式搅拌机搅拌。冷却后用保鲜膜封口，放入冰箱冷藏1晚。第2天，放入冰淇淋机中，冷冻成冰淇淋即可。

请翻到第268页，将温习如上内容。

第1步

第2步

第3步

绿柠檬
系列

马鞭草绿柠檬冰淇淋

CRÈME GLACÉE
CITRON VERT VERVEINE

绿柠檬汁	150克
砂糖	55克
葡萄糖浆	30克
水	75克
奶粉	10克
马鞭草	10克

—— 制作马鞭草 ——
绿柠檬冰淇淋

第1步

把砂糖和奶粉放入容器中混合，加热水至45℃。
加入葡萄糖浆和混合粉末，
然后开大火加热到85℃。

第2步

把马鞭草放入容器中，倒入第1步中滚热的混合
物和绿柠檬汁。

第3步

用手持式搅拌机搅拌，然后用漏勺过滤。
冷却后用保鲜膜封口，放入冰箱冷藏1晚。
第2天，放入冰淇淋机中，冷冻成冰淇淋即可。

请翻到第287页，将温习如上内容。

制作：15分钟
放置：1晚

草莓冰淇淋
SORBET FRAISE

草莓	150克
砂糖	50克
葡萄糖浆	30克
水	40克
红色色素	1滴

━━ 制作草莓冰淇淋 ━━

第1步

在平底锅中加水，烧至45℃，再加砂糖，之后
加入葡萄糖浆，加热至85℃。

第2步

洗净草莓，除去果蒂，放入容器中，并把第1步
准备的热的混合物倒在草莓上。

第3步

用手持式搅拌机搅拌，
可以用红色色素把草莓酱适当调红。
冷却后用保鲜膜封口，放入冰箱冷藏1晚。
第2天，放入冰淇淋机中，冷冻成冰淇淋即可。

请翻到第 267页，将温习如上内容。

第1步

第2步

第3步

香槟桃子冰淇淋

SORBET PÊCHE CHAMPAGNE

桃子泥	70克
桃红香槟	100克
水	100克
香草荚	1根
砂糖	30克
葡萄糖浆	40克

制作香槟桃子冰淇淋

第1步

把香草荚纵向分开，去籽，
将香草荚放入盛水的平底锅中加热至45℃。
之后加入砂糖和葡萄糖浆，加热至85℃。

第2步

把桃子泥和桃红香槟倒入容器中。
把第1步准备的热的混合物倒入容器中。

第3步

取出香草荚，用手持式搅拌机搅拌。
冷却后用保鲜膜封口，放入冰箱冷藏1晚。
第2天，放入冰淇淋机中，冷冻成冰淇淋即可。

请翻到第263页，将温习如上内容。

柠檬草
椰子系列

柠檬草椰子冰淇淋

SORBET COCO CITRONNELLE

椰子酱	170克
柠檬草	1根
水	100克
蜂蜜	10克
砂糖	30克
葡萄糖浆	10克
青柠檬（取果皮碎末）	1个

—— 制作柠檬草 ——
椰子冰淇淋

第1步

把柠檬草切成寸段。在平底锅中加热水和蜂蜜
至45℃。之后加入砂糖、柠檬草段
和葡萄糖浆，加热至85℃。

第2步

把椰子酱和青柠檬果皮碎末加入容器中。通过
漏斗把第1步准备的热的混合物倒入容器中。

第3步

用手持式搅拌机搅拌。
冷却后用保鲜膜封口，放入冰箱冷藏1晚。
1晚过后，放入冰淇淋机中，冷冻成冰淇淋即可。

请翻到第271页，将温习如上内容。

制作：5分钟

━━━━ 制作菠萝块 ━━━━

第1步

用带锯条的刀，把菠萝头和尾切掉。

第2步

垂直去皮，切成条。

第3步

切除四角，取菠萝中间部分切块。

第1步

第2步

第3步

124

制作：5分钟

—— 制作苹果块 ——

第1步

用削水果刀把苹果的两个凹陷处削出一个花冠状，之后用小刀削皮。

第2步

用苹果去核器把苹果核取出，然后将苹果切块。

第1步

第2步

制作：5分钟

—— 制作柑橘瓣 ——

第1步

用小刀切平柑橘的两头，不论选择哪头朝下，
立住柑橘。从上到下，竖切果皮，同时要切除
果皮和内部的白色部分。

第2步

用刀刃切开果肉和包裹果肉的橘络，
切出一个个弯月形的柑橘瓣。

第1步

第2步

制作: 20分钟
放置 : 30分钟

巧克力空心壳
MOULES EN CHOCOLAT
法芙娜圭那亚（GUANAJA）
黑巧克力（可可含量为70%）
200 克
碎杏仁　　　　　　75克

——— 制作巧克力 ———
空心壳

第1步

在一个四方形模具中冻冰块。当冰块开始结冰
的时候，在中心插入一根牙签。
切碎黑巧克力，在不超过30℃的温度下熔化黑
巧克力，之后加入碎杏仁。然后将冰块从模具
中取出，浸入热巧克力溶液中。

第2步

在烘焙垫上冷却凝固塑形5~10分钟，
之后把冰块轻轻取出。
巧克力空心壳静置30分钟。

请翻到第239页，将温习如上内容。

第1步

第2步

制作：5分钟

榛子巧克力薄片
COPEAUX DE GIANDUJA

法芙娜榛子巧克力（可可含量为32%）　　　1板块

制作榛子 巧克力薄片

用巧克力刮刀在法芙娜榛子巧克力上刮出一张漂亮的巧克力薄片。

请翻到第239页，将温习如上内容。

制作：20分钟

巧克力薄片
FEUILLES DE CHOCOLAT

巧克力（自选）　　　100克

—— 制作巧克力薄片 ——

第1步
在不超过30℃的温度下熔化巧克力，
之后薄薄地摊平在两张甜品专用纸之间。

第2步
切成直径18厘米的圆。
用牙签在巧克力圆圈的周围画任意的曲线，
以呈皇冠的形状为最佳。

第3步
将薄片取下。
也可以在巧克力薄片上描绘任何其他图案。

请翻到第165、181和259页，将温习如上内容。

第1步

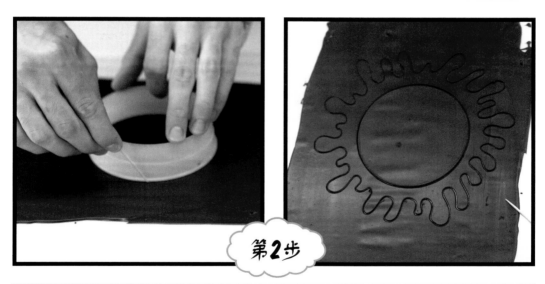

第2步

第3步

制作：20分钟

焦糖果仁

AMANDES CARAMÉLISÉES

水	100克
砂糖	100克
去皮果仁	100克
盐之花	1克
黄油	20克

制作焦糖果仁

第1步

预热烤箱至160℃。
在平底锅中加入水和砂糖，煮沸。

第2步

把去皮果仁、盐之花和黄油加入到第1步准备的
混合物中，然后倒在烘焙垫上，摊平，之后放
入烤箱10分钟。取出后冷却即可。

请翻到第275页，将温习如上内容。

第1步

第2步

制作：25分钟

甘那焦糖
GRUÉ CARAMÉLISÉ

可可甘那脆片	100克
砂糖	100克
水	100克

—— 制作甘那 ——
焦糖

第1步
预热烤箱至160℃。在平底锅中加入水和砂糖，
煮沸。然后把可可甘那脆片倒入平底锅中，
它将一点一点地吸收水分。

第2步
在烘焙垫上摊平可可甘那脆片，
放入烤箱15分钟。
取出后冷却即可。

请翻到第164、 177页，将温习如上内容。

第1步

第2步

制作：20分钟

焦糖开心果
PISTACHES CARAMÉLISÉES

水	100克
砂糖	100克
开心果	100克
盐之花	1克
黄油	20克

—— 制作焦糖 ——
开心果

第1步

预热烤箱至160℃。
在平底锅中加入水和砂糖，煮沸。

第2步

把开心果、盐之花也加入到沸水中，然后把平底锅中的混合液倒在烘焙垫上，再把开心果、黄油均匀放上，把所有食材摊平，之后放入烤箱10分钟。取出后冷却即可。

请翻到第157和223页，将温习如上内容。

第1步

第2步

第2章

奇幻蛋糕

LES
FANTASTIKS

奇幻蛋糕是什么呢？

以前收到蛋糕的外卖订单，我都会派一名工作人员去送蛋糕。他坐在出租车里，我则骑摩托车跟在其后。这样做是为了保证在送达之前，蛋糕完好无损。我们的订单很多，这确实是一个艰巨的任务！

为了确保蛋糕送到客人口中时是完好的而且品尝起来很舒适，我还有两个原则。

原则一：我承诺，即使有大量的明胶、糖和黄油，也要做到蛋糕在运输中不变形。

我张开嘴，用卡尺测量了一下我的嘴的高度——2.5~3厘米。所以我的原则二：奇幻蛋糕的高度不能超过3厘米，以便能很容易地送到口中品尝。

我曾经的愿望是每天都发挥我的想象力，创造出一个特别的蛋糕。我只会使用当季的新鲜水果，绝对不使用冷冻食品。奇幻蛋糕是一种混合蛋糕，口感在水果派和慕斯之间，品种丰富多样。而且它还是一个口感脆脆的、入口即化、油而不腻的蛋糕。总之，奇幻蛋糕一定会在客人的口中迸发出令人惊艳的好味道。

令我觉得有意思的是，曾经的愿望变为今天的宗旨。我的宗旨就是寻找食材的原味，而不是用大量没用的食材修饰味道，使味道失真。我倾向于做天然的、有味道的、富有情感的蛋糕！

杏桑葚和杏仁糖奇幻蛋糕
FANTASTIK ABRICOT MÛRE DRAGÉE

1个奇幻蛋糕
制作：1小时50分钟
提前准备：1晚

01

杏仁香提丽奶油

稀奶油（超高温处理，脂肪含量为35%）	150克
杏仁块（杏仁含量为70%）	40克
马斯卡邦尼奶酪	20克
苦杏仁精华	1滴

制作杏仁香提丽奶油
CRÈME CHANTILLY CALISSON

　　制作前一天，准备香提丽奶油：在平底锅中加热稀奶油和杏仁块，使杏仁块软化。把马斯卡邦尼奶酪放入容器中，把稀奶油和杏仁块的混合物倒入容器，用手持式搅拌机搅拌。加入苦杏仁精华，用漏勺过滤。冷却后用保鲜膜封口，放入冰箱冷藏1晚。

桑葚球和杏球

桑葚酱	150克
杏酱	150克

02

制作桑葚球和杏球
SPHÈRES MÛRE ET ABRICOT

　　制作前一天，还需要准备一些水果球。即在直径3厘米的硅胶半圆模具中放入水果酱（可选用桑葚酱和杏酱），塑形，然后放入冷冻柜中冷冻1晚。

❋ 每一步骤参考第**90**页。

杏仁脆皮

软黄油	60克
涂抹模具的黄油	20克
红糖	60克
精选杏仁	150克
中筋白面粉	10克

制作杏仁脆皮
CROUSTILLANT AMANDE

　　制作前一天，还需要准备杏仁脆皮。预热烤箱至170℃。然后切碎精选杏仁。把软黄油和红糖加入罗伯特台式叶片电动搅拌机中。搅拌后，加入碎杏仁和中筋白面粉。在直径18厘米、高2厘米的模具中涂上黄油。在模具底部放上一张烘焙纸，把混合物倒在烘焙纸上。摊平表面。放入烤箱烘焙10分钟取出即可。

03

04

热那亚蛋糕坯

杏仁块（杏仁含量为70%）100克	
鸡蛋	100克
砂糖	45克
牛奶	5克
面粉	30克
酵母粉	1克
黄油	30克

❋ 每一步骤参考第**32**页。

制作热那亚蛋糕坯
BISCUIT PAIN DE GÊNES

　　制作当天，预热烤箱至180℃。把杏仁块放入搅碎机中，一边搅拌，一边倒入鸡蛋混合。把准备好的混合物倒入电动搅拌机中，同时混合砂糖和牛奶。然后，把过筛面粉和酵母粉加入其中。把黄油在平底锅中加热至45℃，软化。再加入搅拌机中。随后，在直径18厘米、高2厘米的模具中涂上黄油。在模具底部放上一张烘焙纸，把搅拌后的混合物倒在烘焙纸上。抹平表面，放入烤箱烘焙15分钟。

杏仁宾治

水	100克
砂糖	50克
苦杏仁精华	1滴

05

制作杏仁宾治
PUNCH AMANDE

　　把砂糖和水放入平底锅中煮沸，之后加入苦杏仁精华。用刷子在温热的蛋糕坯上涂上煮沸的酱汁。

植物果冻

水	250克
植物果冻	12克

制作植物果冻
GELÉE VÉGÉTALE

　　把水和植物果冻放入平底锅中，煮沸。把冰冻的半圆形桑葚球和杏球浸入到植物果冻中，然后把它们放到吸水纸上。

装点蛋糕

桑葚	约10个
新鲜杏	1个
干杏	1个
黄色金盏花花瓣	1朵
杏仁糖碎片	几个
糖霜	适量

装点蛋糕
DRESSAGE

　　把香提丽奶油用搅拌器打成白雪状，放入苏丹裱花嘴中。之后把香提丽奶油挤到蛋糕坯上，做成一个个凹槽形。把苏丹裱花嘴换成普通裱花嘴，轻轻地填充所有凹槽。再把桑葚球和杏球交替放在每个凹槽中。把新鲜的杏洗干净并切成12个薄片，然后把每个薄片从中间切开。之后把干杏切成一个个小块，桑葚从中切开。把糖霜撒到水果上。再把水果重新摆在蛋糕上，同时加上杏仁糖碎片和黄色金盏花花瓣。

146

柑橘肉西番莲和姜蓉奇幻蛋糕

FANTASTIK AGRUMES PASSION GINGEMBRE

1个奇幻蛋糕
制作：2小时
提前准备：1晚

01

姜蓉西番莲炼乳

西番莲水果酱	85克
明胶片	8克
生姜	20克
砂糖	50克
鸡蛋	100克
黄油	70克

制作姜蓉西番莲炼乳
CRÈME ONCTUEUSE PASSION GINGEMBRE

　　制作前一天，准备炼乳。把明胶片浸到水中。生姜去皮。在平底锅中加热西番莲水果酱和生姜，直到沸腾。泡制5分钟。取出生姜，然后将鸡蛋打碎到碗中，用筷子搅匀放入砂糖，倒入平底锅中，再次煮沸，之后把锅从炉灶上移开，加入明胶片。冷却混合汁，直到40℃，将电动搅拌机搅拌过的黄油也加入到锅中。冷却后用保鲜膜封口，放入冰箱冷藏1晚。

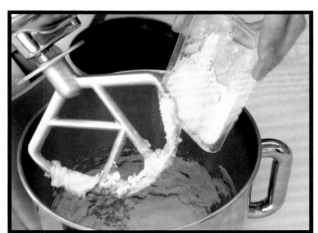

02

法式油酥面饼

软黄油	90克
涂抹模具的黄油	20克
糖霜	35克
盐之花	1克
面粉	80克

制作法式油酥面饼
PÂTE SABLÉE

　　制作当天，预热烤箱至180℃。把过筛糖霜、面粉、黄油和盐之花一起混合。把混合物装入裱花袋中。在直径18厘米、高2厘米的模具中涂上黄油。在模具底部放上一张烘焙纸，把混合物倒在烘焙纸上，用抹刀抹平混合物。放入烤箱烘焙8分钟。

✹ 每一步骤参考第**112**页。

❋ 每一步骤参考第**26**页。

03

柠檬蛋糕坯

鸡蛋	50克
砂糖	80克
黄柠檬（取果皮切碎）	1个
高脂肪奶油	40克
橄榄油	20克
面粉	60克
酵母粉	1克

黄柠檬宾治

水	100克
砂糖	50克
黄柠檬（取果皮切碎）	1个
黄柠檬果汁	50克

04

制作黄柠檬宾治
PUNCH CITRON JAUNE

水、砂糖、黄柠檬果汁及黄柠檬果皮碎一起放在平底锅中煮沸，在温热的蛋糕坯上用刷子涂煮沸的酱汁。

制作柠檬蛋糕坯
BISCUIT CITRON

把烤箱温度降至170℃。把鸡蛋、砂糖和黄柠檬果皮碎加入电动搅拌机中搅拌，直到混合液发白并微微膨胀至原体积的两倍时停止搅拌。之后加入高脂肪奶油。然后把过筛面粉与酵母粉混合，加入刚刚搅拌的混合物中，放橄榄油。把这些备好的混合物填入普通裱花嘴中，均匀地挤在蛋糕坯上，放入烤箱烘焙15分钟，直到变为金黄色为止。

05

橙子果酱

橙子	4个
橙子酱	1汤勺

制作橙子果酱
COMPOTÉE ORANGE

取出橙子的鲜嫩果肉（见第126页），切成片后在橙子酱中混合。

装点蛋糕

玫瑰花瓣	几片
生姜蜜饯	少量
无麸脆皮（见第94页）	少量

06

装点蛋糕
DRESSAGE

　　把姜蓉西番莲炼乳放入普通裱花嘴中，然后在蛋糕坯上挤出的形状。加入橙子果酱、无麸脆皮。再加上玫瑰花瓣和生姜蜜饯。

巴巴马鞭草覆盆子奇幻蛋糕
FANTASTIK BABA VERVEINE FRAMBOISE

1个奇幻蛋糕
制作：2小时20分钟
提前准备：1晚

马鞭草香提丽奶油

稀奶油（超高温处理， 　脂肪含量为35%）	150克
砂糖	20克
马鞭草叶片	15克
绿色开心果色素	1滴
黄色柠檬色素	1滴

01

制作马鞭草香提丽奶油
CRÈME CHANTILLY VERVEINE

　　制作前一天，准备马鞭草香提丽奶油。把稀奶油和砂糖和两种色素混合到一起加热，加入马鞭草叶片，用电动搅拌机搅拌。冷却后用保鲜膜封口，放入冰箱冷藏1晚。

制作法式油酥面饼
PÂTE SABLÉE

　　制作当天，预热烤箱至180℃。把过筛糖霜、面粉、黄油和盐之花混合在一起。把混合物装入口袋中。在直径18厘米、高2厘米的模具中涂上黄油。在模具底部放上一张烘焙纸，把混合物均匀挤到烘焙纸上，用抹刀的刀面儿抹平。放入烤箱烘焙8分钟。

02

制作柠檬蛋糕坯
BISCUIT CITRON

　　把烤箱的温度降至170℃。把鸡蛋、砂糖和黄柠檬果皮碎加入到电动搅拌机中搅拌，直到液体发白体积微微膨胀至原来的两倍，停止搅拌。然后加入高脂肪奶油。把过筛面粉与酵母粉混合后加入到之前搅拌的混合物中，然后放入橄榄油。把已准备好的全部混合物填入普通裱花嘴中，均匀挤在蛋糕坯上，放入烤箱烘焙15分钟，直到变为金黄色。

法式油酥面饼

黄油	90克
涂抹模具的黄油	
	20克
糖霜	35克
盐之花	1克
面粉	80克

❊ 每一步骤参考第**112**页。

柠檬蛋糕坯

鸡蛋	50克
砂糖	80克
黄柠檬（取果皮切碎）	1个
高脂肪奶油	40克
橄榄油	20克
面粉	60克
酵母粉	1克

❊ 每一步骤参考第**26**页。

03

马鞭草宾治

水	100克
砂糖	50克
马鞭草叶片	10克
橙子色素	1滴
NH果胶	3克

04

制作马鞭草宾治
PUNCH VERVEINE

把水和砂糖混合在一起煮沸，之后加入马鞭草叶片、NH果胶，然后泡制10分钟。加入橙子色素，用漏勺过滤。用刷子在温热的蛋糕坯上涂上煮沸的酱汁。

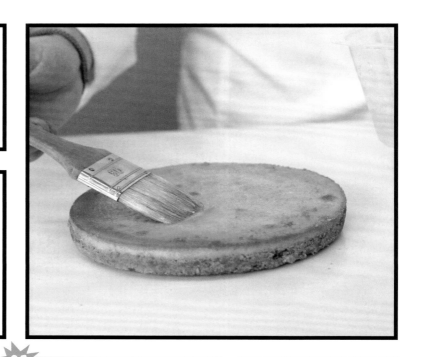

 每一步骤参考第**56**页。

05

覆盆子糖浆

覆盆子泥	200克
葡萄糖浆	20克
NH果胶	2克

制作覆盆子糖浆
CONFIT FRAMBOISE

把覆盆子泥、葡萄糖浆和NH果胶一起倒入平底锅中，充分混合、煮沸。然后搅拌，冷却后用保鲜膜封口，放入冰箱冷藏。

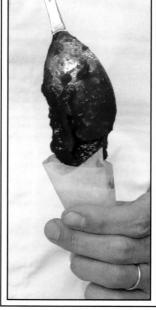

巴巴面团

面粉	130克
细盐	3克
砂糖	10克
鸡蛋	95克
全脂牛奶	60克
天然酵母	7克
黄油	30克

✹ 每一步骤参考第**102**页。

制作巴巴面团
PÂTE À BABA

预热烤箱至190℃。在搅碎机中混入面粉、细盐和砂糖。把鸡蛋一点一点地加入到搅碎机中。在平底锅中温热全脂牛奶并把天然酵母加入其中稀释。把平底锅中的液体倒入搅碎机中，并掺入黄油，混合搅拌。将所有混合食材装入口袋中，分别挤在8个直径2.5厘米的半圆形模具中，食材在每个模具中填满半格，使其在24℃温度下膨胀30分钟，最后放入烤箱烘焙20~30分钟。

镜面果胶

覆盆子泥	100克
无色透明的镜面果胶	200克
橙子色素	1滴

制作镜面果胶
NAPPAGE

微微加热覆盆子泥和镜面果胶，之后加入橙子色素。把巴巴面团放在格栏上，格栏下面放一个回收槽，然后把镜面果胶淋在面团上。

装点蛋糕

无麸脆皮（见第94页）

	适量
覆盆子	1片
马鞭草叶子	适量
绿色开心果色素	1滴
黄色柠檬色素	1滴

装点蛋糕
DRESSAGE

用漏勺过滤马鞭草香提丽奶油，之后加入绿色开心果色素和黄色柠檬色素。用搅拌器把马鞭草香提丽奶油打白，之后填充到锯齿形裱花嘴中。把淋过果胶的巴巴面团放到蛋糕坯上。在巴巴面团之间平均挤入花朵形的马鞭草香提丽奶油，之后在蛋糕上加入一些覆盆子。把覆盆子糖浆放入用厨房纸做的小号裱花袋中，然后填充每个覆盆子。最后加几片马鞭草叶子点缀。

开心果和森林小草莓奇幻蛋糕
FANTASTIK FRAISE PISTACHE FRAISE DES BOIS

1个奇幻蛋糕
制作：1小时30分钟
提前准备：1晚

01

象牙色开心果 香提丽奶油

稀奶油（超高温处理， 脂肪含量为35%）	
	250克
法芙娜象牙白巧克力 （可可含量为35%）	75克
开心果酱	20克
盐之花	1克

制作象牙色开心果香提丽奶油
CRÈME CHANTILLY IVOIRE PISTACHE

　　制作前一天，准备象牙色开心果香提丽奶油。把稀奶油和盐之花混合，在平底锅中煮沸。然后切碎法芙娜象牙白巧克力。把巧克力和开心果酱一同放入容器中，之后倒入沸腾的稀奶油混合物。用搅拌器搅拌。冷却后用保鲜膜封口，放入冰箱冷藏1晚。

02

法式油酥面饼

软黄油	90克
涂抹模具的黄油	
	20克
糖霜	35克
盐之花	1克
面粉	80克

✴ 每一步骤参考第**112**页。

制作法式油酥面饼
PÂTE SABLÉE

　　制作当天，预热烤箱至180℃。把过筛糖霜、面粉与软黄油和盐之花混合在一起。把混合物装入口袋中。在直径18厘米、高2厘米的模具中涂上黄油。在模具底部放上一张烘焙纸，把混合面糊均匀挤到烘焙纸上，用抹刀的刀面儿抹平面糊。放入烤箱烘焙8分钟。

特罗卡德罗 开心果蛋糕坯

糖霜	55克
开心果粉	25克
马铃薯淀粉	8克
杏仁粉	30克
蛋清	80克
砂糖	20克
蛋黄	5克
开心果酱	15克
黄油	40克
涂抹模具的黄油	20克

03

✴ 每一步骤参考第**36**页。

制作特罗卡德罗开心果蛋糕坯
BISCUIT TROCADÉRO PISTACHE

　　把过筛糖霜、开心果粉和马铃薯淀粉放入容器中，同时用起泡器把混合粉、杏仁粉及40克蛋清一起搅拌，并把剩余蛋清加砂糖一起打白。之后加入混合面糊中，加蛋黄、开心果酱和在45℃下熔化的黄油。在直径18厘米、高2厘米的模具中涂上黄油。模具底部放上一张烘焙纸。把搅拌均匀的混合物倒在纸上，然后用刮板将倒入模具里的混合物摊平在蛋糕坯上，放入烤箱烘焙15分钟。

04

草莓糖浆

草莓泥	200克
葡萄糖浆	20克
NH果胶	2克

制作草莓糖浆
CONFIT FRAISE

　　把草莓泥、葡萄糖浆和NH果胶放入平底锅中。均匀搅拌，煮沸。再次混合搅拌，冷却后用保鲜膜封口，放入冰箱冷藏1晚。

05

焦糖开心果

水	100克
砂糖	100克
开心果	100克
盐之花	1克
黄油	20克

❋ 每一步骤参考第**138**页。

制作焦糖开心果
PISTACHES CARAMÉLISÉES

　　预热烤箱至160℃。用平底锅把砂糖和水煮沸。加入开心果、盐之花，然后倒在烘焙垫上，把黄油放在垫上，用刮板摊平，之后放入烤箱10分钟。取出后冷却，然后碾碎一半的量做成碎瓣，剩下一半成个儿备用。

装点蛋糕

草莓	250克
森林小草莓	适量
水芹叶	几片
糖霜	适量

06

装点蛋糕
DRESSAGE

　　将草莓糖浆均匀涂抹在蛋糕坯上。用搅拌器把象牙色开心果香提丽奶油打白，然后填充到普通裱花嘴中，挤出一个个句号的形状，再撒上焦糖开心果碎瓣。然后，清洗草莓并去果梗，再切成两半。撒上糖霜。之后置于蛋糕坯上。加上森林小草莓。在每个整个的焦糖开心果上撒上糖霜，放到蛋糕上。最后放上几片水芹叶。

⚡ 小贴士 ⚡
可以用罗勒草或薄荷草替代水芹（LIMON CRESS）。

吉安杜佳枫树糖浆和牛奶果酱奇幻蛋糕

FANTASTIK GIANDUJA SIROP D'ERABLE CONFITURE DE LAIT

1个奇幻蛋糕
制作：2小时
提前准备：1晚

01

枫糖浆香提丽奶油

稀奶油（超高温处理，
脂肪含量为35%）
130克
枫糖浆 40克

制作枫糖浆香提丽奶油
CRÈME CHANTILLY SIROP D'ÉRABLE

制作前一天，准备枫糖浆香提丽奶油。在平底锅中加热浓缩枫糖浆，直到浓缩至一半，即20克时停止加热。在另一个平底锅中加热稀奶油，之后把它倒入浓缩好的枫糖浆中，搅拌。冷却后用保鲜膜封口，放入冰箱冷藏1晚。

度思炼乳

法芙娜度思金巧克力
（可可含量为32%）
145克
明胶片 2克
全脂牛奶 40克
稀奶油 160克
盐之花 1克

02

制作度思炼乳
CRÈME ONCTUEUSE DULCEY

制作前一天，准备度思炼乳。把明胶片浸到水中。然后把全脂牛奶、稀奶油和盐之花放入平底锅中煮沸。之后，锅从炉灶上移开，加入沥掉水的明胶片。切碎巧克力，加入到容器中。然后，把之前的热的混合液倒入容器中。用搅拌器搅拌，之后再用手持式搅拌机加大力度搅拌。冷却后用保鲜膜封口，放入冰箱冷藏1晚。

吉安杜佳法式塔皮

蛋糕坯

软黄油	100克
涂抹模具的黄油	20克
盐之花	1克
杏仁粉	10克
面粉	80克
糖霜	35克
鸡蛋	20克
法芙娜吉安杜佳牛奶巧克力 （可可含量为32%）	80克
薄脆片	70克

03

制作吉安杜佳法式塔皮蛋糕坯
PÂTE SABLÉE GIANDUJA

　　制作当天，预热烤箱至180℃。在电动和面搅拌缸中放入50克软黄油、盐之花、杏仁粉、面粉和糖霜，高速旋转搅拌，形成一个面团。然后加入鸡蛋混合搅拌。把混合面团铺到有硅胶垫表层的厨房板上。放入烤箱烘焙10~12分钟，出炉之后捣碎，以使蛋糕坯松软。混入熔化的法芙娜50克黄油和熔化的吉安杜佳牛奶巧克力，再加上薄脆片。在直径18厘米、高2厘米的模具中涂上黄油。在模具底部放一张烘焙纸，把准备好的混合面团放在上面，轻轻压紧。冷却，然后脱模，取出蛋糕坯。

泡芙面团

水	75克
全脂牛奶	75克
砂糖	3克
盐	3克
黄油	65克
涂抹模具的黄油	20克
中筋白面粉	80克
鸡蛋	150克
脆皮	适量

❀ 每一步骤参考第**106**页。

04

制作泡芙面团　PÂTE À CHOUX

　　在平底锅中，加入水、全脂牛奶、盐、糖和黄油，煮沸。把锅从炉灶上移走，一次性加入过筛的所有中筋白面粉。重新开火，1~2分钟烘干面团，使其与锅内壁不粘。把面团放入台式搅拌器中，用低挡搅拌，边搅拌边加入鸡蛋。搅拌均匀后装进普通裱花嘴中。在甜点平板上均匀涂抹黄油，之后挤出10个直径3厘米的泡芙面团，使其均匀置于板面上。把脆皮撒在泡芙的上面（参见第92页）。预热烤箱至230℃，关火，把泡芙面团放入烤箱内烘12分钟。再重新加热烤箱至160℃，把泡芙面团再烘焙12分钟。

度思糖浆

无糖奶精	50克
葡萄糖浆	10克
法芙娜度思金巧克力	
（可可含量为32%）	85克
黄油	10克
盐之花	2克

 每一步骤参考第**54**页。

焦糖榛子

水	100克
砂糖	100克
榛子	100克
盐之花	1克
黄油	20克

06

制作焦糖榛子
NOISETTES CARAMÉLISÉES

预热烤箱至160℃。把水和砂糖霜放入平底锅中加热，煮沸。加入榛子和盐之花，再把平底锅里的混合物倒在烘焙垫上，把黄油放到烘焙垫上，把所有混合物摊平，之后放入烤箱10分钟。冷却后取出即可。

05

制作度思糖浆　CONFIT DULCEY

用平底锅加热无糖奶精和葡萄糖浆。如果有需要，切碎巧克力，放置于容器中。倒入已加热的无糖奶精和葡萄糖浆。用手动打蛋器把容器里的混合物搅拌成乳状，同时加入黄油和盐之花一同搅拌。最后冷却。

装点蛋糕

法芙娜塔纳里瓦（Tanariva）牛奶巧克力（可可含量为33%）	100克
糖霜	适量

07

装点蛋糕
DRESSAGE

把巧克力加热到30℃，然后把它在甜品专用纸上薄薄地摊平一层，使其成形，再切成碎片以用于装饰蛋糕。用搅拌器把枫糖浆香提丽奶油打白，然后装入裱花袋中。把度思糖浆装入另一个裱花袋中。同时找一个裱花袋把炼乳装入其中，然后呈螺旋形挤到蛋糕坯上。在螺旋形的槽中装满度思糖浆。用度思炼乳填满泡芙的心儿，在泡芙表面撒上糖霜。然后将枫糖浆香提丽奶油绕着大圈挤在有炼乳和糖浆的蛋糕坯上。再在圈儿中加入一些度思糖浆，然后撒上巧克力碎片和焦糖榛子。

162

榛子西番莲和焦糖奇幻蛋糕
FANTASTIK NOISETTE PASSION CARAMEL

1个奇幻蛋糕
制作：1小时50分钟
提前准备：1晚

01

焦糖香提丽奶油

稀奶油（超高温处理，
脂肪含量为35%）
220克
法芙娜焦糖牛奶巧克力
（可可含量为36%）
110克

制作焦糖香提丽奶油
CRÈME CHANTILLY CARAMÉLIA

制作前一天，准备焦糖香提丽奶油。把稀奶油倒入平底锅中加热、煮沸。把切碎的法芙娜焦糖牛奶巧克力加入容器，把煮沸的稀奶油倒入容器。用搅拌器搅拌。冷却后用保鲜膜封口，放入冰箱冷藏1晚。

西番莲香蕉炼乳

西番莲泥	70克
明胶片	16克
鸡蛋	50克
蛋黄	35克
砂糖	35克
香蕉酱	30克
绿柠檬汁	20克
黄油	20克

02

制作西番莲香蕉炼乳
CRÈME ONCTUEUSE PASSION BANANE

制作前一天，同样需要准备西番莲香蕉炼乳。把明胶片浸入水中。在平底锅中加入鸡蛋、蛋黄、香蕉酱、西番莲泥、砂糖和绿柠檬汁，加热到85℃。再加入沥干水的明胶片。当锅内温度降至40℃时，加入黄油并搅拌。冷却后用保鲜膜封口，放入冰箱冷藏1晚。

榛子达克瓦兹
蛋糕坯

蛋清	100克
白杏仁粉	40克
天然榛子粉	60克
糖霜	100克
砂糖	25克
黄油	20克

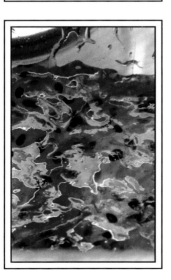

03

制作榛子达克瓦兹蛋糕坯
BISCUIT DACQUOISE NOISETTE

制作当天，预热烤箱至170℃，把蛋清放置于室温下。把白杏仁粉和天然榛子粉放入烤箱烘焙10分钟。过筛糖霜，把烘焙过的白杏仁粉和榛子粉放入糖霜中。分三次把砂糖加入到蛋清中，打白。然后将蛋清与之前的混合粉一起轻轻搅拌。把混合物加入普通裱花嘴中。在直径18厘米、高2厘米的模具中涂上黄油。在模具底部放上一张烘焙纸，把混合物倒在烘焙纸上，放入烤箱烘焙12分钟。

榛子脆皮酱

含盐黄油	6克
法芙娜吉瓦那（Jivara）牛奶巧克力	
（可可含量为40%）	15克
榛子果仁糖（榛子含量为60%）	30克
榛子酱	30克
薄脆片	30克

04

制作榛子脆皮酱
CROUSTILLANT NOISETTE

将巧克力和含盐黄油加热至45℃熔化。在罗伯特叶片式甜品搅拌机中搅拌所有配料。用抹刀在达克斯蛋糕坯上摊平榛子脆皮酱。

❋ 每一步骤参考第**136**页。

甘那焦糖

可可甘那脆片	100克
砂糖	100克
水	100克

05

制作甘那焦糖
GRUÉ CARAMÉLISÉ

降温烤箱至160℃。平底锅盛水，将砂糖放入水中，煮沸。然后把可可甘那脆片倒入平底锅中，它将一点一点地吸收水分。在烘焙垫上摊平可可甘那脆片，放入烤箱15分钟取出即可。

06

巧克力薄片

法芙娜吉瓦那（Jivara）牛奶巧克力（可可含量为40%）　200克

✳ 每一步骤参考第**132**页。

制作巧克力薄片
DISQUE DE CHOCOLAT

在不超过30℃的温度下熔化法芙娜吉瓦那牛奶巧克力。在甜品专用纸上摊平厚度为1毫米的巧克力薄片，然后剪切成直径为20厘米的圆薄片。

装点蛋糕

芒果　　　　　　　　1个
碎柠檬皮　　　　　　适量

07

装点蛋糕
DRESSAGE

把焦糖香提丽奶油用搅拌器打成白雪状，之后加入到圣奥诺雷裱花嘴中。把芒果切丁（留下一些颗粒），用搅拌机把芒果丁搅成更小的块儿，然后把芒果丁混合。把西番莲香蕉炼乳放到一个裱花袋中，在榛子脆皮酱上环绕一圈，挤出西番莲香蕉炼乳。把芒果丁铺到西番莲香蕉炼乳上，再在上面加一点儿碎柠檬皮。放上巧克力薄片，轻轻靠在上面。在旋转盘上放一个10厘米的圆盘。放上蛋糕，开动机器，机器一边旋转，一边把焦糖香提丽奶油挤出成圆圈螺旋的图案。把芒果颗粒和甘那焦糖轻轻加在上面。同时再用少量的芒果酱轻轻点缀在蛋糕上。

⚡ 小贴士 ⚡

如果你的旋转盘不好用，可直接将香提丽奶油呈圆圈状或点状挤在巧克力盘上。感谢杨·百利（YANN BRYS）提供用旋转盘这个好注意！

166

桃子薄荷和甜瓜奇幻蛋糕
FANTASTIK PÊCHE MENTHE MELON

1个奇幻蛋糕
制作：1小时40分钟
提前准备：1晚

01

制作象牙色薄荷香提丽奶油
CRÈME CHANTILLY IVOIRE MENTHE

制作前一天，加热稀奶油，把薄荷放入热的稀奶油中，用手持式搅拌机搅拌，浸泡10分钟。切碎巧克力，并放入容器中。用漏勺过滤浸泡的溶液，然后倒在巧克力上。用手持式搅拌机搅拌混合物。冷却后用保鲜膜封口，放入冰箱冷藏1晚。

象牙色薄荷香提丽奶油

稀奶油（超高温处理，脂肪含量为35%）	200克
薄荷	1/2瓶
法芙娜象牙白巧克力（可可含量为35%）	50克

02

杏仁脆皮

软黄油	60克
涂抹模具的黄油	20克
红糖	60克
精选杏仁	150克
面粉	10克

❋ 每一步骤参考第**90**页。

制作杏仁脆皮
CROUSTILLANT AMANDE

制作当天，预热烤箱至170℃。切碎精选杏仁。把软黄油和红糖加入到叶片电动搅拌机中。搅拌之后，加入碎杏仁和面粉。在直径18厘米、高2厘米的模具中涂上黄油。在模具底部放上一张烘焙纸，把前面准备好的混合物铺到烘焙纸上。用勺子把表面摊平，放入烤箱烘焙10分钟取出即可。

03

热那亚蛋糕坯

杏仁块（杏仁含量为70%）	100克
鸡蛋	100克
砂糖	45克
牛奶	5克
面粉	30克
酵母粉	1克
黄油	30克

❋ 每一步骤参考第**32**页。

制作热那亚蛋糕坯
BISCUIT PAIN DE GÊNES

加热烤箱至180℃。在搅碎机中，一边搅拌杏仁块，一边倒入鸡蛋混合。然后把混合物倒入电动搅拌机中，同时混合砂糖和牛奶。过筛面粉和酵母粉也加入其中。把黄油在平底锅中加温至45℃软化，然后加入搅拌机中。在直径18厘米、高2厘米的模具中涂上黄油。在模具底部放上一张烘焙纸，把搅拌好的混合物铺到烘焙纸上。抹平表面，放入烤箱烘焙15分钟取出即可。

薄荷宾治

水	100克
砂糖	50克
薄荷叶	10克

04

制作薄荷宾治
PUNCH MENTHE

把砂糖和水放在平底锅中煮沸，加入薄荷叶，泡制10分钟。然后用刷子在温热的热那亚蛋糕坯上涂上酱汁。

05

桃糖浆

桃子泥	250克
葡萄糖浆	25克
NH果胶	2克

制作桃糖浆
CONFIT PÊCHE

在平底锅中加入桃子泥、葡萄糖浆和NH果胶混合，煮沸。搅拌，冷却，用保鲜膜封口，放入冰箱。

薄荷汁浸桃

桃	5个
水	500克
砂糖	100克
薄荷	20克

制作薄荷汁浸桃
PÊCHES AU SIROP DE MENTHE

把桃去皮去核，切成小丁。将砂糖加入水中煮沸。之后加入薄荷，浸泡10分钟。然后把混合溶液再次煮沸，并浇到桃丁上。

装点蛋糕

甜瓜	1个
油桃	1个
红加仑	100克
薄荷叶	几片

装点蛋糕
DRESSAGE

把象牙色薄荷香提丽奶油打白，之后装入螺纹裱花嘴中。把甜瓜切成两半儿，去籽儿，用挖苹果勺挖出15个甜瓜球。把薄荷象牙色香提丽奶油挤到桃糖浆上（薄荷糖浆已经刷在宾治上了）。然后，油桃切成12个薄片，撒上糖霜。把它们和已经浸渍好的桃丁都放在蛋糕坯上。在甜瓜球上撒上糖霜，然后将甜瓜球撒在蛋糕上，放上去核的红加仑。最后添加一些薄荷叶即可。

大黄香草奇幻蛋糕

本甜品由玛丽制作

FANTASTIK RHUBARBE VANILLE... DE MARIE

1个奇幻蛋糕
制作：2小时30分钟
提前准备：48小时

香草炼乳

稀奶油（超高温处理，脂肪含量为35%）	180克
香草荚	1根
香豆	1/2个
红糖	20克
冷凝果胶	1克
蛋黄	40克
盐之花	1克

✱ 每一步骤参考第**80**页。

01

制作香草炼乳
CRÈME ONCTUEUSE VANILLE

　　甜品制作两天前，准备香草炼乳。把香草荚纵向分开，去籽，加入稀奶油中煮沸，同时刮擦香豆，也加入稀奶油中。泡制一晚。

　　制作前一天，把准备好的原料用漏勺过滤到平底锅中，加热。然后将红糖和冷凝果胶混合。当锅内温度达到50℃时，把红糖和冷凝果胶的混合物加入锅中。再次煮沸。把锅从炉灶上移走，加入蛋黄和盐之花。用手持式搅拌机不停地搅拌2分钟。冷却后用保鲜膜封口，放入冰箱冷藏1晚。

✱ 每一步骤参考第**42**页。

象牙色香草香提丽奶油

稀奶油（超高温处理，脂肪含量35%）	250克
香草荚	1根
法芙娜象牙白巧克力（可可含量为35%）	50克

制作象牙色香草香提丽奶油
CRÈME CHANTILLY IVOIRE VANILLE

　　制作前一天，准备象牙色香草香提丽奶油。用平底锅加热稀奶油，香草荚纵向割开，去籽，把豆子拨入稀奶油中，一起煮沸。把切碎的法芙娜象牙白巧克力放入容器中，用漏勺把前面准备好的煮沸的混合物倒入容器中。之后用起泡器搅拌混合物。冷却后用保鲜膜封口，放入冰箱冷藏1晚。

02

03

大黄糖浆

大黄	500克
水	1升
砂糖	500克
香草荚	2根

【注】大黄：在中国以药用为主，在欧洲及中东，多指食用的大黄属品种，是用于制作甜品的原料。

制作大黄糖浆
RHUBARBE POCHÉE

　　制作当天，洗净大黄。用削果刀切出漂亮的1毫米小薄片。在平底锅中加入水、砂糖和去籽的香草荚。加热至沸腾，然后降温。把大黄切成细条状，然后将温热的酱汁倒在细条上。把细条一层层叠加在直径16厘米的硅胶模具上，确保形成密封层。之后把香草炼乳倒在密封好的大黄细条上，有大约1厘米的厚度，放入冷冻柜中2小时。

04

制作法式油酥面饼
PÂTE SABLÉE

　　预热烤箱至180℃。过筛糖霜和面粉。之后与软黄油和盐之花一起混合。把混合物装入口袋中。在直径18厘米、高2厘米的模具中涂上黄油。在模具底部放上一张烘焙纸，把混合食材倒在烘焙纸上。用抹刀的刀面儿刮平混合物。放入烤箱烘焙8分钟。

❋ 每一步骤参考第112页。

法式油酥面饼

软黄油	90克
涂抹模具的黄油	20克
糖霜	35克
盐之花	1克
面粉	80克

05

香草蛋糕坯

砂糖	80克
鸡蛋	50克
香草荚	2根
高脂肪奶油	40克
面粉	60克
酵母粉	1克
橄榄油	20克

制作香草蛋糕坯
BISCUIT VANILLE

　　把烤箱温度降至170℃。在电动搅拌机中，把鸡蛋和砂糖混合到一起，打白，然后加入香草荚和高脂肪奶油。把面粉和酵母粉混合，过筛。之后加入到混合物中，再加入橄榄油。把准备好的混合物加到裱花袋中，将其挤到蛋糕坯上摊平，放入烤箱烘焙10~12分钟。

制作大黄果酱
COMPOTÉE RHUBARBE

　　洗净大黄，切成小段。用平底锅将其和砂糖一起煮30分钟，稍稍混合，平摊到蛋糕坯上。

制作镜面果胶 NAPPAGE

　　在平底锅中同时加热无色透明的镜面果胶和香草荚，之后加入橙子色素。把裹有香草炼乳的糖渍大黄蛋糕盘放在网架上，网架下面放置一个回收槽，然后把镜面果胶浇在上面。

06

大黄果酱

大黄	250克
砂糖	50克

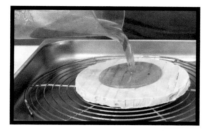

07

镜面果胶

无色透明的镜面果胶

	300克
香草荚	1/2根
橙子色素	1滴

08

装点蛋糕

大黄	1枝
红色色素	1滴
覆盆子	125克
糖霜	少量
糖衣片	少量
玫瑰花瓣	几片
水芹叶	几片

装点蛋糕 DRESSAGE

　　用搅拌器把象牙色香草香提丽奶油打白，放入普通裱花嘴中。把淋有镜面果胶的炼乳大黄蛋糕盘放到蛋糕坯上。用象牙色香草香提丽奶油在圆盘周围点缀一个个小圆环。用水果刀把生大黄削成一些刨花，然后将其浸泡到凉的红色色素中，染色，之后重新装饰在每个象牙色香草香提丽奶油小圆环上。覆盆子切成四瓣儿，把糖霜撒在上边。之后把覆盆子放在蛋糕边缘处。同时再放上糖衣片、水芹叶和玫瑰花瓣。

可可奇幻蛋糕 本甜品由弗朗索瓦制作

FANTASTIK 100% CACAO... DE FRANÇOIS

1个奇幻蛋糕
制作：1小时50分钟
提前准备：1晚 +室温 1小时

01

❋ 每一步骤参考第**42**页。

象牙色香草香提丽奶油

稀奶油（超高温处理， 　脂肪含量为35%）	250克
香草荚	1根
香豆	1/4个
法芙娜象牙白巧克力 　（可可含量为35%）	50克

巧克力炼乳

稀奶油（超高温处理， 　脂肪含量为35%）	85克
全脂牛奶	85克
蛋黄	30克
砂糖	25克
法芙娜安东阿（Andoa）黑巧克力 　（可可含量为70%）	110克

❋ 每一步骤参考第**76**页。

02

制作象牙色香草香提丽奶油
CRÈME CHANTILLY IVOIRE VANILLE

　　制作前一天，准备象牙色香草香提丽奶油。用平底锅加热稀奶油，香草荚纵向割开，去籽，把豆荚拨入稀奶油中，并加入香豆，煮至沸腾。把切碎的巧克力放入容器中，用漏勺将前面准备好的煮沸的混合物盛入容器。之后用手动打蛋器搅拌混合物。冷却后用保鲜膜封口，放入冰箱冷藏1晚。

制作巧克力炼乳
CRÈME ONCTUEUSE CHOCOLAT

　　制作前一天，还需要准备巧克力炼乳。在一个平底锅中加热稀奶油和全脂牛奶。在容器中混合蛋黄和砂糖，充分搅拌，直到汁液变白。把蛋黄和砂糖的混合物与稀奶油和全脂牛奶混合，然后把它们一起倒入另一个平底锅中，加热到85℃，并不停地搅拌。切碎法芙娜安东阿黑巧克力，放入容器中，把加热后的混合物倒在巧克力上。用手动打蛋器搅拌，之后再用手持式搅拌机有力地混合。冷却后用保鲜膜封口，然后放入冰箱冷藏1晚。

03

可可果冻

砂糖	50克
琼脂粉	1克
水	60克
可可粉	8克

制作可可果冻 GELÉE CACAO

　　制作当天，混合砂糖、琼脂粉、水和可可粉，把所有原料加热至沸腾。倒入另一个容器中，倒入的量在容器中的高度控制在5毫米。冷却1小时，然后切成一个个边长1厘米的方块。

制作巧克力蛋糕坯
PÂTE SABLÉE CHOCOLAT

　　预热烤箱至170℃。混合软黄油、糖霜和盐之花。过筛面粉和可可粉，然后把它们加入到之前的混合物中。在直径18厘米、高2厘米的模具中涂上黄油。在模具底部放上一张烘焙纸，把准备好的混合物放在烘焙纸上，放入烤箱烘焙8分钟。

04

巧克力蛋糕坯

软黄油	90克
涂抹模具的黄油	20克
糖霜	35克
盐之花	1克
面粉	60克
可可粉	20克

✳ 每一步骤参考第24页。

马里尼巧克力蛋糕坯

蛋清	70克
可可粉	15克
马铃薯淀粉	15克
面粉	15克
砂糖	70克
蛋黄	65克
黄油	30克

05

制作马里尼巧克力蛋糕坯
BISCUIT CHOCOLAT MARIGNY

　　预热烤箱至180℃，蛋清在室温下放置。将过筛的可可粉、马铃薯淀粉、面粉混合。在另一个容器里，一边把蛋清打成蛋白状，一边分三次加入砂糖，之后加入蛋黄，以中速混合搅拌均匀后，再加入前面过筛的混合粉以及熔化了的黄油（微波炉加热1分钟即可）。之后，把它们放入普通裱花嘴中。然后平摊在蛋糕坯上，用小抹刀把表面抹平，放入烤箱烘焙10分钟取出即可。

植可宾治

水	50克
砂糖	25克
可可粉	10克

06

制作植可宾治
PUNCH CACAO

把水、砂糖和可可粉放到一起煮沸，然后用刷子在温热的蛋糕坯上涂上酱汁。

制作螺旋巧克力装饰条
DÉCOR CHOCOLAT EN SPIRALE

用30℃加热熔化巧克力，在一张甜品专用纸上铺平薄薄的一层。放置一旁，待慢慢成形，切成菱形。在其上方放一张厨房纸，然后把菱形巧克力卷成一个直径大约为4厘米的圆筒，以形成一个个圆形。待慢慢成形，散开之后，在刨花的一侧撒上可可粉，另一侧撒上甘那焦糖。

07

装点蛋糕

薄脆片	50克
甘那焦糖（见第136页）	
	50克
可可粉	5克

08

螺旋巧克力装饰条

法芙娜巴依贝（Bahibé）

牛奶巧克力（可可含量为46%）	100克
可可粉	50克
甘那焦糖（见第136页）	
	50克

装点蛋糕
DRESSAGE

香提丽奶油提前室温放置1小时，然后，用搅拌器把象牙色香草香提丽奶油打白。在蛋糕坯四周涂一层香提丽奶油，把剩下的奶油装入普通裱花嘴中。把薄脆片与可可粉混合，并撒在蛋糕外围粘边。把巧克力炼乳放入普通裱花嘴中，并且在蛋糕上挤出一个个句号，之后再把剩下的象牙色香草香提丽奶油也在蛋糕上挤出一个个句号。然后加上螺旋巧克力装饰条和可可果冻，最后加上一点儿甘那焦糖。

芒果焦糖奇幻蛋糕

本甜品由杨制作

FANTASTIK MANGUE CARAMEL... DE YANN

1个奇幻蛋糕
制作：1小时30分钟
提前准备：1晚 + 室温2小时

01

象牙色香草香提丽奶油

稀奶油（超高温处理，脂肪含量为35%）	250克
香草荚	1根
法芙娜象牙白巧克力（可可含量为35%）	50克

✳ 每一步骤参考第**42**页。

制作象牙色香草香提丽奶油
CRÈME CHANTILLY IVOIRE VANILLE

制作前一天，准备象牙色香草香提丽奶油。用平底锅加热稀奶油，香草荚纵向割开，去籽，把豆子拨入稀奶油中，煮至沸腾。把切碎的巧克力放入容器中，用漏勺把前面准备好的沸腾食材盛到容器中。之后用手动打蛋器搅拌混合物。冷却后用保鲜膜封口，放入冰箱冷藏1晚。

焦糖炼乳

砂糖	50克
明胶片	1克
全脂牛奶	140克
香草荚	1根
蛋黄	20克
玉米淀粉	10克
黄油	80克
盐	1克

02

制作焦糖炼乳
CRÈME ONCTUEUSE CARAMEL

制作前一天，准备焦糖炼乳。把明胶片浸入水中。做一份干焦糖：把砂糖放入平底锅中加热，直到它呈现金黄色。在另一个平底锅中加热全脂牛奶和香草荚，把它倒在焦糖上。把蛋黄与玉米淀粉混合。然后把混合粉倒入有焦糖牛奶的平底锅中，煮沸2分钟，其间不停搅拌，直到有奶油酱的样子。把平底锅从炉上移走，加入明胶片。冷却混合物至40℃，加入盐并分几次加入黄油，用浸入式混合器不停地搅拌。冷却后，用保鲜膜封口，放入冰箱冷藏1晚。第二天，把焦糖炼乳倒入直径16厘米的圆盘中，然后放入冷冻柜中2小时。

03

法式油酥面饼

软黄油	90克
涂抹模具的黄油	20克
糖霜	35克
盐之花	1克
面粉	80克

每一步骤参考第**112**页。

制作法式油酥面饼　PÂTE SABLÉE

制作当天，预热烤箱至180℃。把过筛糖霜、面粉、软黄油和盐之花一起混合。把混合物装入口袋中。在直径18厘米、高2厘米的模具中涂上黄油。在模具底部放上一张烘焙纸，把混合物倒在烘焙纸上。用抹刀的刀面儿刮平。放入烤箱烘焙8分钟。

枫之饼

杏仁酱（杏仁含量为70%）	65克
鸡蛋	80克
红糖	25克
枫糖浆	30克
面粉	50克
酵母粉	1克
盐之花	1克
黄油	5 5克

制作枫之饼 BISCUIT ÉRABLE

把烤箱温度降至160℃。在搅碎机中搅拌杏仁酱，同时不断加入鸡蛋一同搅拌。把准备好的原料放入电动搅拌机中，并加入红糖和枫糖浆一起加大力度搅拌，直到出现乳化。过筛面粉和酵母粉，再加入盐之花。在平底锅中熔化黄油至45℃，然后把黄油加到混合面粉中。铺平准备好的法式油酥面饼，放入烤箱烘焙约15分钟。

04

枫叶芒果宾治

枫糖浆	35克
水	15克
芒果酱	10克

05

制作枫叶芒果宾治 PUNCH MANGUE ÉRABLE

把所有原料放到一起煮沸，用刷子在温热的法式油酥面饼上涂上酱汁。

芒果糖浆

芒果酱	100克
葡萄糖浆	10克
NH果胶	1克

制作芒果糖浆
CONFIT MANGUE

　　把芒果酱和葡萄糖浆一起加热。当温度达到50℃时，加入NH果胶，再次加热大约1分钟。冷却后用保鲜膜封口，放入冰箱冷藏1晚。

芒果镜面

芒果酱	120克
明胶片	16克
西番莲泥	18克
砂糖	35克
NH果胶	4克
水	60克

制作芒果镜面
GLAÇAGE MANGUE

　　把明胶片浸入水中。把剩下的所有原料在平底锅中加热，然后加入沥干的明胶片。

巧克力薄片

法芙娜巴依贝（Bahibé）	
牛奶巧克力（可可含量为46%）	100克
青铜粉	适量

❋ 每一步骤参考第**132**页。

制作巧克力薄片　FEUILLE DE CHOCOLAT

　　在30℃温度下熔化巧克力，之后薄薄地摊平在两张甜品专用纸之间。切成直径18厘米的圆，然后取下来。可以用牙签在切除圆圈的周围画任意的曲线，做成皇冠的形状。然后撒上青铜粉。

装点蛋糕　DRESSAGE

　　用搅拌器把象牙色香草香提丽奶油打白，把奶油装入普通裱花嘴中，使其沿着枫之饼的周围挤一圈。把焦糖炼乳圆盘放在网架上，网架下面放置一个回收槽，然后把芒果镜面浇在上面，再放到蛋糕上。沿着四周挤出一个个象牙色香草香提丽奶油句号。把巧克力皇冠轻轻地置于蛋糕上面。

182

第3章

玻璃杯蛋糕

LES K✴SMIKS

玻璃杯蛋糕是什么呢？

你想了解我一个曾经的梦想吗？那就是我想做出一种甜美的创意美食，它非常容易携带和品尝。我希望能够随时吃到它，不需要等待，可以直接到架子上某个位置去拿，就像街上的快餐食品一样。

现在，我的梦想成真了。我创作蛋糕的宗旨是少脂少糖，尤其要停止使用太多的含有明胶的物质！不再使用糖衣，不再叠加不同的颜色，也不需要那些没用的装饰品……因为我相信，只有这样才能得到具备极品味道和材质的精华甜品！

我和我的厨师们每天都沉浸在新食谱的创作中，这些食谱是由季节和灵感启发而来的。有些人称这些创意美食为玻璃容器，而我称它们为玻璃杯蛋糕！

嗨！快来品尝吧，或者赶紧装进包里带回家享用。

B-52轰炸机
玻璃杯蛋糕
KOSMIK B-52

4个玻璃杯蛋糕
烹饪：1小时15分钟
提前准备：1晚

01

百利咖啡象牙白香提丽奶油

咖啡豆	5克
稀奶油（超高温处理，	
脂肪含量为35%）	300克
法芙娜象牙白巧克力	
（可可含量为35%）	100克
百利酒	20克

制作百利咖啡象牙白香提丽奶油
CRÈME CHANTILLY IVOIRE CAFÉ BAILEYS®

　　制作前一天，准备百利咖啡象牙白香提丽奶油。预热烤箱至170℃。把咖啡豆放入烤箱烘焙10分钟，然后碾碎。在平底锅中加热稀奶油并加入碾碎的咖啡豆。然后把锅从炉灶上移走，再把咖啡豆浸泡5分钟。切碎法芙娜象牙白巧克力，放入容器中，把热混合食材用漏勺过滤，并倒在巧克力上。然后，加入百利酒，用手持式搅拌机搅拌。冷却后用保鲜膜封口，放入冰箱冷藏1晚。

02

制作度思炼乳　CRÈME ONCTUEUSE DULCEY

　　制作前一天，准备度思炼乳。把明胶片浸到水中。把全脂牛奶、稀奶油和盐之花放到平底锅中煮沸。锅从炉灶上移开之后，加入沥掉水的明胶片。将切碎的法芙娜度思金巧克力放入容器中，然后把之前的热混合液也倒入容器中。先用搅拌器搅拌，再用手持式搅拌机加大力度搅拌。冷却后用保鲜膜封口，放入冰箱冷藏1晚。

度思炼乳

法芙娜度思金巧克力	
（可可含量为32%）	145克
明胶片	2克
全脂牛奶	40克
稀奶油（超高温处理，	
脂肪含量为35%）	160克
盐之花	1克

03

枫之饼

杏仁酱（杏仁含量为70%）
	65克
鸡蛋	80克
红糖	25克
枫糖浆	30克
用于蘸湿蛋糕坯的枫糖浆	
	适量
面粉	50克
酵母粉	1克
盐之花	1克
黄油	55克
涂抹模具的黄油	20克

制作枫之饼
BISCUIT ÉRABLE

制作当天，预热烤箱至160℃。把杏仁酱倒入搅碎机中，一边不断加入鸡蛋一边搅拌。把准备好的原料放入电动搅拌机中，并加入红糖和枫糖浆一起加大力度搅拌，直到出现乳化。过筛面粉和酵母粉，然后加入盐之花。在平底锅中熔化黄油至45℃，加入混合面粉中。在直径18厘米、高2厘米的模具中涂上黄油。在模具底部放上一张烘焙纸，把混合物铺在烘焙纸上。放入烤箱烘焙15分钟。把温热的蛋糕坯浸在枫糖浆中。之后切成小正方块。

04

制作百利果冻 GELÉE BAILEYS

把明胶片浸入水中。将水加热，加入百利酒和沥干的明胶片。混合搅拌后放入冰箱。

百利果冻

百利酒	160克
水	40克
明胶片	2克

05

无麸脆皮

无盐软黄油	35克
玉米淀粉	35克
糖霜	35克
马铃薯淀粉	10克
杏仁粉	20克
盐	1克
爆米花	35克
法芙娜象牙白巧克力	
（可可含量为35%）	35克
榛子仁糖	35克
榛子酱	35克
榛子	10克

✳ 每一步骤参考第94页。

装点蛋糕

含有法芙娜麸片的巧克力珍珠粒
少量

06

制作无麸脆皮
CROUSTILLANT SANS GLUTEN

预热烤箱至170℃，烘焙榛子10分钟。在电动和面搅拌缸中放入无盐软黄油、玉米淀粉、糖霜、马铃薯、淀粉、杏仁粉和盐，一起搅拌。调节烤箱温度使其降至150℃。在一张烘焙纸上撒上混合好的食材，弄碎，分散开来，放入烤箱大约30分钟。之后冷却。在平底锅中加热熔化法芙娜象牙白巧克力，加入榛子仁糖和榛子酱，然后与爆米花、捣碎的烘焙成熟的榛子及之前冷却的混合物一起在罗伯特台式叶片搅拌机中搅拌。之后随意地把原料铺在烘焙垫上，放入冰箱。

装点蛋糕
DRESSAGE

用搅拌器把百利咖啡象牙白香提丽奶油打白，然后填入螺纹裱花嘴中。把度思炼乳放入裱花袋中，之后把它铺在容器的底层。加入切成小正方块的枫之饼，上面再铺上百利咖啡象牙白香提丽奶油。用搅拌器打碎果冻，然后放到奶油上方。最后放上含有法芙娜麸片的巧克力珍珠粒和无麸脆皮。

⌐ 小贴士 ⌐

杏仁酱和鸡蛋要混合得充分、均匀，以防止在枫之饼中出现谷物颗粒。

香蕉太妃
玻璃杯蛋糕
KOSMIK BANOFFEE

4个玻璃杯蛋糕
制作：1小时
提前准备：1晚

01

焦糖炼乳

砂糖	50克
明胶片	1克
全脂牛奶	140克
香草荚	1根
蛋黄	20克
玉米淀粉	10克
黄油	80克
盐	1克

制作焦糖炼乳
CRÈME ONCTUEUSE CARAMEL

　　制作前一天，准备焦糖炼乳。把明胶片浸入水中。做一份干焦糖，即把砂糖放入平底锅中加热，直到它的颜色转为金黄色。在另一个平底锅中加热全脂牛奶和香草荚，再把它倒在焦糖上。把蛋黄与玉米淀粉混合。然后把它们倒入有焦糖牛奶的平底锅中煮沸2分钟，不停搅拌直到有奶油酱的手感。把平底锅从炉上移走，加入明胶片。冷却混合物至40℃，同时加入盐，分几次加入黄油，并用浸入式混合器不停地搅拌。冷却后用保鲜膜封口，放入冰箱冷藏1晚。

02

制作林茨柠檬面饼
PÂTE À LINZER CITRON

　　制作当天，预热烤箱至160℃。把过筛糖霜、马铃薯淀粉和低筋白面粉与黄柠檬的新鲜果皮碎末和盐混合。在电动搅拌机中搅动软化黄油，然后与混合粉一起搅拌，注意不要打得过分浓稠。把前面准备的原料在两张厨房纸之间摊平，同时用叉子在底部戳几个洞。放入烤箱20分钟，取出，冷却后分散在玻璃瓶中放好的蛋糕坯上。

林茨柠檬面饼

糖霜	35克
马铃薯淀粉	20克
低筋白面粉	100克
黄柠檬（取果皮切碎）	1个
盐	2克
黄油	100克

❋ 每一步骤参考第**108**页。

香蕉

香蕉	2根
绿柠檬 （取果皮碎末和	
柠檬汁）	1个
西番莲	1个

03

制作香蕉
BANANES

把香蕉剥皮，切成小丁，加上绿柠檬的果皮碎末和挤得的柠檬汁，以及西番莲果肉。

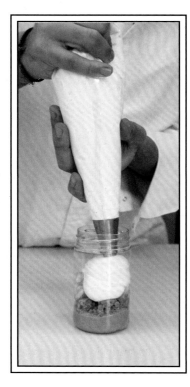

04

橙花香草香提丽奶油

香草荚	1根
稀奶油 （超高温处理，	
脂肪含量为35%）	300克
马斯卡邦尼奶酪	75克
红糖	30克
橙花	5克

制作橙花香草
香提丽奶油
CRÈME CHANTILLY
VANILLE FLEUR
D'ORANGER

把香草荚与其他所有原料混合，用搅拌器把混合物打白。

盐之花焦糖

砂糖	50克
明胶片	1克
黄油	30克
稀奶油（超高温处理，脂肪含量为35%）	50克
盐之花	1克

05

制作盐之花焦糖
CARAMEL À LA FLEUR DE SEL

　　把明胶片浸入水中。把砂糖放入平底锅中加热，然后加入黄油与热的稀奶油，把所有原料加热到104℃。加入沥干的明胶片和盐之花，用搅拌器搅拌均匀。

装点蛋糕

绿柠檬的果皮碎末	适量

06

装点蛋糕
DRESSAGE

　　把焦糖炼乳加入普通裱花嘴中，把它铺在容器的底层。再加上林茨柠檬面饼，然后是香蕉。把橙花香草香提丽奶油加入到另一个普通裱花嘴中，然后在香蕉上挤出一个漂亮的蔷薇花状。把盐之花焦糖加入裱花袋中，挤在蔷薇花上，并撒上林茨碎片。最后加入一些绿柠檬的果皮碎末。

◤ 小贴士 ◢

焦糖的制作方法是这道食谱最关键的部分！

绿莫吉托
玻璃杯蛋糕
KOSMIK GREEN MOJITO

4个玻璃杯蛋糕
制作：1小时45分钟
提前准备：1晚

朗姆酒象牙白香提丽奶油

稀奶油	300克
葡萄糖浆	30克
香草荚	1根
法芙娜象牙白巧克力	
（可可含量为35%）	90克
棕色朗姆酒（RHUM）	5克

01

制作朗姆酒象牙白香提丽奶油
CRÈME CHANTILLY IVOIRE RHUM

　　制作前一天，把葡萄糖浆融入稀奶油中加热，同时把香草荚纵向割开、去籽后放入奶油里一起煮沸。切碎法芙娜象牙白巧克力，放入容器中，用漏勺过滤，把沸热的稀奶油混合物倒在巧克力上。用搅拌器搅拌。加入棕色朗姆酒，然后用手持式搅拌机加大力度搅拌。冷却后用保鲜膜封口，放入冰箱冷藏1晚。

绿柠檬炼乳

鸡蛋	50克
糖	50克
绿柠檬的果皮碎末	20克
绿柠檬果汁	25克
黄油	80克

02

制作绿柠檬炼乳
CRÈME ONCTUEUSE
CITRON VERT

　　制作前一天，准备绿柠檬炼乳。把鸡蛋、糖、绿柠檬果皮碎末和绿柠檬汁放到平底锅中加热，然后不停地搅拌，85℃时关火，然后把平底锅移开。当温度降至40℃时加入黄油，并用手持式搅拌机搅拌。冷却后用保鲜膜封口，放入冰箱冷藏1晚。

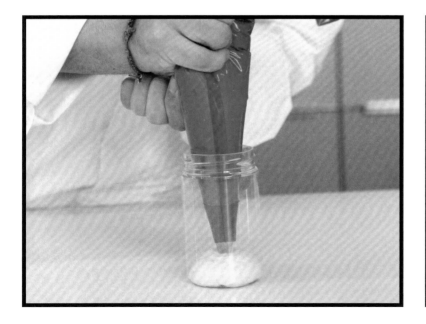

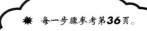

罗勒菠萝酱

菠萝酱	100克
新鲜罗勒叶	6片
菠萝	300克

制作罗勒菠萝酱
COMPOTÉE ANANAS BASILIC

制作当天，混合菠萝酱和新鲜罗勒叶。把菠萝切丁，之后加入到酱汁中。

特罗卡德罗开心果蛋糕坯

糖霜	55克
开心果粉	25克
马铃薯淀粉	8克
白杏仁粉	30克
蛋清	80克
砂糖	20克
蛋黄	5克
开心果酱	15克
黄油	40克
涂抹模具的黄油	20克

❋ 每一步骤参考第**36**页。

制作特罗卡德罗开心果蛋糕坯
BISCUIT TROCADÉRO PISTACHE

预热烤箱至180℃。把过筛糖霜、开心果粉和马铃薯淀粉放入容器中，再加入白杏仁粉及40克蛋清，用起泡器把混合粉搅拌均匀。把剩余的蛋清加砂糖打白。然后加入之前的混合食材中，同时加入蛋黄、开心果酱和黄油（在45℃下熔化）。在直径18厘米、高2厘米的模具中涂上黄油。在模具底部放上一张烘焙纸，把搅拌食材浇注到烘焙纸上。抹平表面，放入烤箱烘焙15分钟。出炉之后切成小方块。

焦糖开心果

水	100克
砂糖	100克
开心果	100克
盐之花	1克
黄油	20克

❋ 每一步骤参考第138页。

05

制作焦糖开心果
PISTACHES CARAMÉLISÉES

　　把烤箱温度调至160℃。在平底锅中煮沸水和砂糖。加入开心果和盐之花，搅拌10分钟。然后把平底锅中的混合物倒在厨房纸上，再把黄油加到垫上，把所有食材摊平，之后放入烤箱10分钟。取出后冷却即可。

装点蛋糕

无麸脆皮（见第94页）	适量
绿柠檬的果皮碎末	少量
罗勒叶	几片

06

装点蛋糕
DRESSAGE

　　把绿柠檬炼乳加入普通裱花嘴中，之后把它挤在玻璃容器的底层。用漏斗把罗勒菠萝酱盛在其上，之后加入小方块的特罗卡德罗开心果蛋糕坯和无麸脆皮。用搅拌器把朗姆酒象牙白香提丽奶油打白，加入螺纹裱花嘴中，然后挤出一个漂亮的蔷薇花形状。加上焦糖开心果、绿柠檬果皮碎末，最后加上一片罗勒叶。

小贴士

也可以用薄荷叶
代替罗勒叶。

杏仁奶油
玻璃杯蛋糕
KOSMIK LAIT D'AMANDE

4 个 玻 璃 杯 蛋 糕
制 作: 50 分 钟
提 前 准 备: 1 晚

❋ 每一步骤参考第**40**页。

杏仁香提丽奶油

稀奶油（超高温处理，脂肪含量为35%）	250克
杏仁块（杏仁含量为70%）	50克
马斯卡邦尼奶酪	50克
苦杏仁	1克

01

制作杏仁香提丽奶油
CRÈME CHANTILLY AMANDE

制作前一天，准备杏仁香提丽奶油。用平底锅加热稀奶油和杏仁块，以使杏仁块软化。把以上准备的材料倒入一个容器中，加入马斯卡邦尼奶酪和苦杏仁。用手持式搅拌机在容器中快速搅拌。冷却后用保鲜膜封口，放入冰箱冷藏1晚。

制作巴纽尔斯李子干覆盆子酱
COMPOTÉE PRUNEAU FRAMBOISE BANYULS

制作当天，把苹果和去核李子干都切成小块。煮沸巴纽尔斯甜葡萄酒。加入去核李子干块、覆盆子和苹果块。再用文火煮20分钟，直到原料变成酱，再用手持式搅拌机搅拌均匀。

巴纽尔斯李子干覆盆子酱

苹果	60克
去核李子干	60克
巴纽尔斯甜葡萄酒	60克
覆盆子	80克

02

❋ 每一步骤参考第**64**页。

柠檬蛋糕坯

鸡蛋	50克
砂糖	80克
黄柠檬（取果皮切碎）	
	1个
高脂肪奶油	40克
橄榄油	20克
面粉	60克
酵母粉	1克
黄油	20克

✳ 每一步骤参考第**26**页。

制作柠檬蛋糕坯
BISCUIT CITRON

　　预热烤箱至170℃。然后把鸡蛋、砂糖和黄柠檬果皮碎末（用小刀沿着柠檬黄色皮外缘削出一层层的果皮）加入到电动搅拌机中搅拌，直到打发后体积微微膨胀至原来的两倍，停止搅拌，再加入高脂肪奶油。把筛好的面粉与酵母粉混合后加入到前面搅拌的混合物中，然后滴入橄榄油。把已准备好的原料填入普通裱花嘴中。在直径18厘米、高2厘米的模具中涂上黄油。在模具底部放上一张烘焙纸，把混合食材一圈一圈地挤在烘焙纸上。抹平表面，放入烤箱烘焙10~12分钟，直到变为金黄色。出炉之后切成小方块。

装点蛋糕

杏仁糖碎片	几片
覆盆子	20个

04

装点蛋糕 *DRESSAGE*

　　用搅拌器把杏仁香提丽奶油打白，填入裱花袋中。然后，把巴纽尔斯李子干覆盆子酱放入另一个裱花袋中，并挤入玻璃容器中（挤入量大约为1.5厘米），在其上撒上几个覆盆子。再加几块柠檬蛋糕坯的小方块。挤上杏仁香提丽奶油，最后加一点儿杏仁糖碎片。

⬢ 小贴士 ⬢

打白杏仁香提丽奶油时请缓缓地操作！

柠檬柚子玻璃杯蛋糕

KOSMIK LIMON-CELLO

4个玻璃杯蛋糕
制作：1小时40分钟
提前准备：1晚

日本柚子炼乳

日本柚子汁	45克
明胶片	2克
黄柠檬汁	20克
牛奶	25克
柠檬皮碎末	10克
鸡蛋	75克
砂糖	45克
可可脂	15克
盐之花	1克
黄油	100克

❋ 每一步骤参考第**84**页。

制作日本柚子炼乳
CRÈME ONCTUEUSE YUZU

制作前一天，准备柚子炼乳。将明胶片浸泡在冷水中。日本柚子汁、黄柠檬汁、牛奶和柠檬皮碎末一起放入平底锅中，煮沸。在另一个容器中混合鸡蛋和砂糖。把芳香的牛奶混合液倒入容器中，搅拌后再倒回平底锅中，并一边搅拌一边再次煮沸。然后，把锅从炉上移走，加入沥干水的明胶片、可可脂和盐之花。当混合溶液达到40℃时，一边分次加入黄油一边用浸入式混合器搅拌。冷却后用保鲜膜封口，放入冰箱冷藏1晚。

制作柠檬酱
COMPOTÉE CITRON

制作当天，把绿柠檬和黄柠檬的嫩果肉分别取出，切成小丁，然后加入香草橙子果酱、盐之花，混合均匀。

柠檬酱

绿柠檬	1个
黄柠檬	1个
香草橙子果酱	1汤勺
盐之花	1撮

柠檬蛋糕坯

鸡蛋	50克
砂糖	80克
黄柠檬（取果皮切碎）	1个
高脂肪奶油	40克
橄榄油	20克
面粉	60克
酵母粉	1克
黄油	20克

❋ 每一步骤参考第26页。

03

制作柠檬蛋糕坯
BISCUIT CITRON

　　预热烤箱至170℃。把鸡蛋、砂糖和黄柠檬鲜果皮碎末（用小刀沿着柠檬黄色皮外缘削出一层层果皮）加到电动搅拌机中搅拌，直到打发体积微微膨胀至原来的两倍后，停止搅拌，然后加入高脂肪奶油。把过筛好的面粉与酵母粉混合后加入前面搅拌的混合物中，放入橄榄油。把已准备好的原料填入普通裱花嘴中。在直径18厘米、高2厘米的模具中涂上黄油。在模具底部放上一张烘焙纸，把混合物一圈一圈地挤在烘焙纸上。抹平表面，放入烤箱烘焙10~12分钟，直到变为金黄色。出炉之后切成小方块。

装点蛋糕

全脂奶油（超高温处理，脂肪含量为35%）	200克
无麸脆皮（见第94页）	适量
黄柠檬的果皮碎末	少量

装点蛋糕
DRESSAGE

　　用搅拌器把全脂奶油打白后，轻轻地与一半量的日本柚子炼乳混合，之后填入裱花袋中。把剩下的日本柚子炼乳放到另一个裱花袋中，然后把它挤入每个玻璃瓶中，加入柠檬酱。把蛋糕坯切块，然后撒在上面。之后再挤入混合日本柚子炼乳的全脂奶油，再加一些无麸脆皮，最后撒一些黄柠檬果皮碎末。

➤➤ 小贴士 ➤➤

柠檬皮还可以用来做糖浆：
1升水中加500克糖，然后把适量果皮加入，加热至呈半透明状。之后混合搅拌，便做成了非常棒的糖浆。

极乐世界
玻璃杯蛋糕
KOSMIK PARADISE

4个玻璃杯蛋糕
制作：1小时35分钟
提前准备：1晚

01

草莓糖浆

草莓泥	200克
葡萄糖浆	20克
NH果胶	2克

制作草莓糖浆
CONFIT FRAISE

制作前一天，把草莓泥、葡萄糖浆和NH果胶倒入平底锅中混合，煮沸，搅拌均匀。冷却后用保鲜膜封口，放入冰箱冷藏1晚。

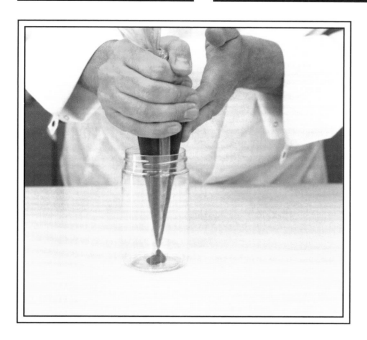

柠檬蛋糕坯

鸡蛋	50克
砂糖	80克
黄柠檬（取果皮碎末）	1个
高脂肪奶油	40克
橄榄油	20克
面粉	60克
酵母粉	1克
黄油	20克

✦ 每一步骤参考第**26**页。

02

制作柠檬蛋糕坯
BISCUIT CITRON

制作当天，预热烤箱至170℃。把鸡蛋、砂糖和黄柠檬鲜果皮碎加入到电动搅拌机中搅拌，直到打发体积微微膨胀至原来的两倍后停止搅拌，然后加入高脂肪奶油。把过筛好的面粉与酵母粉混合后加入到已经搅拌的混合物中，滴入橄榄油。把已准备好的原料填入普通裱花嘴中。在直径18厘米、高2厘米的模具中涂上黄油。在模具底部放上一张烘焙纸，把混合物一圈一圈地挤在烘焙纸上。抹平表面，放入烤箱烘焙10~12分钟，直到变为金黄色。出炉之后切成小方块。

03

卡拉马塔橄榄蜜饯

卡拉马塔橄榄	100克
水	100克
砂糖	50克

制作卡拉马塔橄榄蜜饯
OLIVES DE KALAMATA CONFITES

把卡拉马塔橄榄去核。在平底锅中加水和砂糖，煮沸，然后放入卡拉马塔橄榄，用温火糖渍大约45分钟。

橄榄油慕斯

橄榄油	75克
明胶片	2克
全脂牛奶	60克
盐之花	1克
法芙娜象牙白巧克力	
（可可含量为35%）	35克
蛋清	20克
蛋清粉末	5克
砂糖	25克
柠檬汁	20克
稀奶油（超高温处理，	
脂肪含量为35%）	135克

04

制作橄榄油慕斯
MOUSSE À L'HUILE D'OLIVE

把明胶片浸在水中。将全脂牛奶和盐之花煮沸。把切碎的法芙娜象牙白巧克力放入容器中，将之前煮沸的液体倒在巧克力上。用浸入式混合器搅拌，之后冷却至30℃。然后分次加入橄榄油混合均匀。把蛋清同砂糖和柠檬汁混合，打白成小鸟嘴形（混合物下面是液体，上面是固体，因而可成形）。把沥干的明胶片加入到蛋白霜中。把橄榄油混合溶液也加入到蛋白霜中。用搅拌器快速搅拌稀奶油，打白成香提丽奶油，轻轻地把奶油加入到之前的混合物中。

焦烧杏酱

熟杏	100克
红糖	1汤勺

装点蛋糕

无麸脆皮（见第94页）	少量
黄柠檬（取果皮碎末）	1个
干杏	2颗

05

制作焦烧杏酱
COMPOTÉE ABRICOT RÔTI

　　预热烤箱至180℃。把熟杏洗干净，去核，铺在有厨房纸覆盖的甜点模具上，撒上红糖，然后放入烤箱5分钟。从烤箱拿出之后搅拌成小颗粒，然后冷却。

06

装点蛋糕
DRESSAGE

　　把草莓糖浆填入裱花袋中，然后挤入容器底部。加上小方块的柠檬蛋糕坯和无麸脆皮。把干杏和卡拉马塔橄榄蜜饯切成小块。再把小块的蜜饯撒在无麸脆皮上。然后将橄榄油慕斯放入裱花袋中，挤到蜜饯上方。再把焦烧杏酱放入另一个裱花袋中，挤到每个玻璃杯蛋糕上。最后加上一些干杏和黄柠檬的果皮碎末。

开胃利口酒 玻璃杯蛋糕

KOSMIK SPRITZ

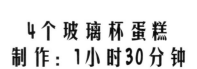

4个玻璃杯蛋糕
制作：1小时30分钟

西柚荔枝酱

西柚	1个
鲜荔枝或荔枝汁	70克
香草橙子果酱	2汤勺
生姜蜜饯	10克

01

制作西柚荔枝酱
COMPOTÉE LITCHI PAMPLEMOUSSE

　　取出西柚的嫩果肉（参考第126页），称重100克，把所有配料轻轻混合，根据个人喜好适当加料。

达克斯椰子蛋糕坯

蛋清	60克
砂糖	15克
糖霜	50克
杏仁粉	20克
刨碎的椰子	30克
黄油	20克

02

制作达克斯椰子蛋糕坯
BISCUIT DACQUOISE COCO

预热烤箱至170℃，蛋清放置于室温下。把筛好的糖霜、杏仁粉和刨碎的椰子混合。把蛋清与砂糖混合，打白。轻轻地加到混合粉中。在直径18厘米、高2厘米的模具中涂上黄油。在模具底部放上一张烘焙纸，把混合物铺到烘焙纸上。用抹刀把表面抹平，放入烤箱烘焙10~12分钟，然后切成小块。

荔枝香提丽奶油

稀奶油（超高温处理，脂肪含量为35%）	350克
马斯卡邦尼奶酪	50克
搜后（Soho®）甜酒	40克

03

制作荔枝香提丽奶油
CRÈME CHANTILLY LITCHI

用浸入式混合器混合原料，再用搅拌器打成白雪状。

西柚果皮碎末	少量
无麸脆皮（见第94页）	少量
新鲜椰子	1块
生姜蜜饯方块	几个

装点蛋糕
DRESSAGE

把西柚荔枝酱用漏斗过滤，倒入容器中。达克斯椰子蛋糕坯切块，放在上方，再加入无麸脆皮。然后把荔枝香提丽奶油放入螺纹裱花嘴中，挤出蔷薇花状。用削果刀把新鲜椰子削成条形放在上面，放入西柚果皮碎末。

冰巴巴玻璃杯蛋糕

KOSMIK BABA COOL... DE MARIE

本甜品由玛丽制作

4 个玻璃杯蛋糕
制作：1 小时 30 分钟
提前准备：1 晚 + 室温 30 分钟

213

✸ 每一步骤参考第**42**页。

象牙色香草香提丽奶油

稀奶油（超高温处理， 脂肪含量为35%）	250克
香草荚	1根
法芙娜象牙白巧克力 （可可含量为35%）	50克

制作象牙色香草香提丽奶油
CRÈME CHANTILLY IVOIRE VANILLE

制作前一天，用平底锅加热稀奶油，香草荚纵向割开，去籽，把豆子拨入稀奶油中，一起煮沸。再把切碎的法芙娜象牙白巧克力放入容器中，用漏勺把前面准备好的沸腾食材盛到容器中。之后用手持式搅拌机搅拌混合物。冷却后，用保鲜膜封口，放入冰箱冷藏1晚。

异国风情果酱

芒果	60克
菠萝	60克
猕猴桃	50克
芒果泥	20克
青柠檬	1个

制作异国风情果酱
COMPOTÉE FRUITS EXOTIQUES

制作当天，把青柠檬的果皮切成碎末，再把菠萝、芒果和猕猴桃切丁。然后把所有配料混合在一起搅拌，根据个人喜好适当加料。

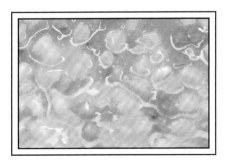

214

制作巴巴面团 PÂTE À BABA

03

预热烤箱至190℃。在搅碎机中混入面粉、细盐和砂糖。把鸡蛋一点一点地加入到搅碎机中。在平底锅中温热全脂牛奶，并把天然酵母加入其中搅拌均匀。把平底锅中的液体倒入搅碎机中，加入黄油，混合搅拌。将所有混合物装入裱花袋中，分别挤在8个直径2.5厘米的半圆模具中，每个模具填满半格，使其在24℃下发酵膨胀30分钟，放入烤箱烘焙20~30分钟。

巴巴面团

面粉	130克
细盐	3克
砂糖	10克
鸡蛋	95克
全脂牛奶	60克
天然酵母	7克
黄油	30克

✳ 每一步骤参考第102页。

糖浆

柠檬草	1枝
黄柠檬	1个
水	500克
糖	75克
西番莲果汁	150克
香草荚	1根

04

制作糖浆
SIROP D'IMBIBAGE

把柠檬草切块，黄柠檬切成小圆形切片。把糖、西番莲果汁、整根香草荚、切成块的柠檬草和黄柠檬一起加到水中，煮沸。之后把酱汁降温到45℃，然后淋到巴巴面团上。巴巴面团下方垫有一个网架，网架下面放置一个回收槽。

05

装点蛋糕
橙子果皮碎末　　　　　　　　　少量

装点蛋糕
DRESSAGE

　　用搅拌器把象牙色香草香提丽奶油打白，放入螺纹裱花嘴中。用漏斗把异国风情果酱盛入容器底部。再往玻璃瓶中放入3个淋上糖浆的巴巴面团。用象牙色香草香提丽奶油在上面挤出一个漂亮的蔷薇花形，再加一些橙子果皮碎末。

↘ 小贴士 ↙

注意淋到巴巴面团上的糖浆的温度，需要严格按照规定操作，以避免面团破裂。
每个面团用少量糖浆即可。

216

哥伦比亚
玻璃杯蛋糕

KOSMIK KOLOMBIE... DE FRANÇOIS

本甜品由弗朗索瓦制作

4个玻璃杯蛋糕
制作：1小时25分钟
提前准备：1晚

吉安杜佳咖啡香提丽奶油

稀奶油（超高温处理，脂肪含量为35%）	250克
葡萄糖浆	20克
法芙娜吉安杜佳牛奶巧克力（可可含量为32%）	130克
雀巢速溶咖啡	6克
盐之花	1克

01

制作吉安杜佳咖啡香提丽奶油
CRÈME CHANTILLY GIANDUJA CAFÉ

制作前一天，准备吉安杜佳咖啡香提丽奶油。煮沸奶油。把切碎的吉安杜佳牛奶巧克力放入容器中，同时加入盐之花和雀巢速溶咖啡，然后把滚开的奶油浇在上面。用手持式搅拌机搅拌。冷却后用保鲜膜封口，放入冰箱冷藏1晚。

制作咖啡炼乳
CRÈME ONCTUEUSE CAFÉ DE COLOMBIE

02

制作前一天，准备哥伦比亚咖啡炼乳。把明胶片浸在水中。预热烤箱至170℃，烘焙哥伦比亚咖啡豆10分钟。然后将其碾碎。在雀巢速溶咖啡里加上盐之花和稀奶油，与全脂牛奶一起煮沸，然后加入烘焙的咖啡粉，封闭泡制10分钟。把蛋黄和红糖搅在一起，打白。用漏勺过滤前一步泡制的牛奶。称量一下，如果有必要，继续加入全脂牛奶，直到达到130克。倒入打白的蛋黄中，混合。之后再倒入平底锅中，一边加热一边不停地搅拌，直到83℃。加入沥干水的明胶片和巧克力，混合。停火，待温度降到40℃时，一边分次加入黄油一边用浸入式混合器搅拌。冷却后用保鲜膜封口，放入冰箱冷藏1晚。

咖啡炼乳

哥伦比亚咖啡豆	20克
明胶片	2克
稀奶油（超高温处理，脂肪含量为35%）	70克
全脂牛奶	60克
蛋黄	20克
红糖	35克
雀巢速溶咖啡	3克
盐之花	1克
法芙娜塔纳里瓦（Tanariva）牛奶巧克力（可可含量为为33%）	60克
黄油	40克

❋ 每一步骤参考第**72**页。

03

制作马里尼巧克力蛋糕坯
BISCUIT CHOCOLAT MARIGNY

　　制作当天，预热烤箱至180℃，蛋清在室温下放置。把过筛可可粉、马铃薯淀粉、面粉混合在一起。另一个容器里分三次加入砂糖，把蛋清打成蛋白状，再加入蛋黄，以中速混合搅打均匀后，用平铲结束混合过程，再加入前面过筛的混合粉以及熔化了的黄油（微波炉1分钟即可）。之后，把它们放入普通裱花嘴中。在直径18厘米、高2厘米的模具中涂上黄油。在模具底部放上一张烘焙纸，把混合物一圈一圈地均匀挤到烘焙纸上。用小抹刀把表面抹平。放入烤箱烘焙10分钟。取出，切成小方块。

马里尼巧克力蛋糕坯

蛋清	70克
可可粉	15克
马铃薯淀粉	15克
面粉	15克
砂糖	70克
蛋黄	65克
黄油	30克
涂抹模具的黄油	20克

✱ 每一步骤参考第24页。

装点蛋糕

无麸脆皮（见第94页）	少量
焦糖核桃仁	几个
含有法芙娜麸片的巧克力脆皮珍珠粒	适量

装点蛋糕
DRESSAGE

　　用搅拌器把吉安杜佳咖啡香提丽奶油打白，放入螺纹裱花嘴中。把咖啡炼乳放入裱花袋中，挤入容器底部。加入切成小块的马里尼巧克力蛋糕坯。用吉安杜佳咖啡香提丽奶油蛋白在上面挤出一个漂亮的蔷薇花形状，再加几个马里尼巧克力蛋糕坯的小块、一点儿无麸脆皮、几个焦糖核桃仁和几颗含有法芙娜麸片的巧克力脆皮珍珠粒即可。

◤ 小贴士 ◥

在用咖啡制作炼乳时，要格外注意加入牛奶的量，需要重新称量，确保混合溶液为130克才会体现完美的触感。

西西里
玻璃杯蛋糕
KOSMIK SICILIEN... DE YANN

本甜品由杨制作

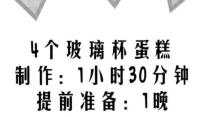

4个玻璃杯蛋糕
制作：1小时30分钟
提前准备：1晚

01

象牙色开心果香提丽奶油

稀奶油（超高温处理，脂肪含量为35%）	250克
盐之花	1克
法芙娜象牙白巧克力（可可含量为35%）	75克
开心果酱	20克

制作象牙色开心果香提丽奶油
CRÈME CHANTILLY IVOIRE PISTACHE

制作前一天，准备象牙色开心果香提丽奶油。把稀奶油和盐之花混合到一起，在平底锅中煮沸。把切碎的巧克力和开心果酱一同放入容器中，倒入沸腾的稀奶油。然后用搅拌器搅拌。冷却后用保鲜膜封口，放入冰箱冷藏1晚。

02

开心果炼乳

稀奶油（超高温处理，脂肪含量为35%）	240克
开心果酱	17克
砂糖	30克
冷凝果胶	1克
蛋黄	50克

制作开心果炼乳
CRÈME ONCTUEUSE PISTACHE

制作前一天，准备开心果炼乳。把稀奶油和开心果酱放入平底锅中加热。当锅内温度达到50℃时，把砂糖和冷凝果胶的混合物加进来，煮沸后把锅从炉灶上移开，再加入蛋黄。用手持电动搅拌机搅拌2分钟，中间不停歇。冷却后用保鲜膜封口，放入冰箱冷藏1晚。

03

制作特罗卡德罗开心果蛋糕坯
BISCUIT TROCADÉRO PISTACHE

　　制作当天，预热烤箱至180℃。把过筛糖霜、开心果粉和马铃薯淀粉放入容器中，加入白杏仁粉及40克蛋清，搅拌混合。用起泡器把剩余的蛋清加砂糖一起打白。之后加入混合物中，同时加入蛋黄、开心果酱和黄油（45℃熔化后的黄油）。在直径18厘米、高2厘米的模具中涂上黄油。模具底部放上一张烘焙纸，把搅拌物铺在烘焙纸上。把它们摊平在蛋糕坯上，放入烤箱烘焙15分钟。取出后切成小块。

特罗卡德罗开心果蛋糕坯

糖霜	55克
开心果粉	25克
马铃薯淀粉	8克
白杏仁粉	30克
蛋清	80克
砂糖	20克
蛋黄	5克
开心果酱	15克
黄油	40克
涂抹模具的黄油	20克

✹ 每一步骤参考第**36**页。

04

制作酸味樱桃蜜饯
CONFIT GRIOTTE

将速冻的酸味樱桃与覆盆子泥混合加热。加入砂糖和NH果胶的混合物，一同煮沸，之后放置一旁。

酸味樱桃蜜饯

速冻的酸味樱桃	225克
覆盆子泥	45克
NH果胶	4克
砂糖	25克

装点蛋糕

无麸脆皮（见第94页）	适量
速冻的酸味樱桃	几颗
焦糖开心果碎末（见第138页）	4捏
绿柠檬的果皮碎末	少量

05

装点蛋糕
DRESSAGE

用手动打蛋器把开心果象牙白香提丽奶油打白。把速冻的酸味樱桃切两半，裹一点酸味樱桃蜜饯。把开心果炼乳填入普通裱花嘴中，挤入容器底部。在玻璃瓶里加入切成块的蛋糕坯和无麸脆皮。用剩下的酸味樱桃蜜饯在象牙色开心果香提丽奶油上印上大理石般的花纹：分别把二者放入不同的裱花袋中，用第三个裱花袋容纳下前两个裱花袋，用此种方法蜜饯和奶油就可以同时被挤出。最后撒上绿柠檬的果皮碎末和焦糖开心果碎末。

◥ 小贴士 ◤

制作开心果炼乳时，锅从炉灶上移开之后，要充分搅拌，以避免炼乳过硬。

第4章
迷你蛋糕

LES
KOCKTAILS

迷你蛋糕是什么呢?

这种蛋糕用的所有小东西都很可爱,新颖的、有趣的配方可以一口吞食。

宗旨是——甜点要去掉神圣的感觉,回归简单,但也不妨增添一些乐趣!

226

苹果馅儿炸糕
焦糖桂皮酱
卡尔瓦多斯酒混合香提丽奶油
迷你蛋糕

KOCKTAIL

BEIGNETS DE POMME
SAUCE CANNÉLLÉ CARAMELISEE
CREME CHANTILLY CALVADOS

4人份
制作：45分钟

炸糕面团

中筋白面粉	100克
牛奶	100克
黄啤	45克
蜂蜜	30克
蛋清	45克
盐之花	1小撮

✹ 每一步骤参考第**104**页。

01

制作炸糕面团
PÂTE À BEIGNETS

　　把过筛中筋面粉、盐之花、牛奶和黄啤混合，搅拌均匀，加入蜂蜜。把蛋清打白，之后加入到混合物中。

卡尔瓦多斯酒
混合香提丽奶油

稀奶油（超高温处理， 　脂肪含量为35%）	400克
卡尔瓦多斯（Calvados）酒	50克
马斯卡邦尼奶酪	40克
黑砂糖	30克

02

制作卡尔瓦多斯酒
混合香提丽奶油
CRÈME CHANTILLY CALVADOS

　　把所有配料放入电动搅拌缸中，不停搅拌直到打白成卡尔瓦多斯酒混合香提丽奶油。

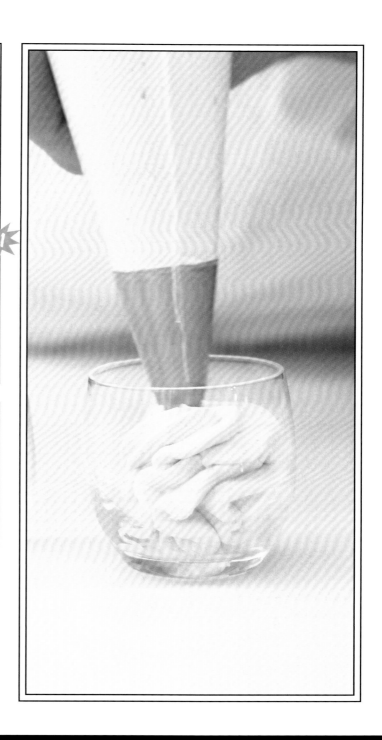

焦糖桂皮酱

砂糖	150克
稀奶油（超高温处理，脂肪含量为35%）	250克
桂皮	2条
盐之花	2克

03

制作焦糖桂皮酱
SAUCE CANNELLE CARAMÉLISÉE

把砂糖倒入平底锅中，加热直到出现焦糖的颜色，然后加入桂皮、稀奶油，把所有混合物煮沸。取出桂皮，加入盐之花。

装点蛋糕
DRESSAGE

用削果刀把苹果两头儿削出一个花冠状，之后把苹果按照垂直长条削皮。用苹果去核器把苹果核儿取出。把苹果切成大约8厘米的薄片。在平底锅中加热葡萄籽油至160℃。把每个苹果薄片浸入到炸糕面团中，然后借助叉子取出来，浸到热油中。先炸一次，之后倒过来炸另一侧。用漏勺捞出。把卡尔瓦多斯酒混合香提丽奶油填入锯齿形裱花嘴中，挤到一个容器里。把焦糖桂皮酱倒入小玻璃杯中，然后与苹果馅儿炸糕一起奉上。

04

装点蛋糕

苹果	4个
葡萄籽油	2升

小贴士

用果皮制作果酱的时候，削下来的果皮不要扔，把卡尔瓦多斯酒点燃，放入果皮。搅拌，便可备制出一份果酱！

酸味樱桃汉堡迷你蛋糕

KOCKTAIL
BURGER GRIOTTE
À LA CRÈME DE PISTACHE

10 个汉堡
制作：45 分钟
提前准备：1 晚

象牙色开心果香提丽奶油

稀奶油（超高温处理，脂肪含量为35%）	250克
法芙娜象牙白巧克力（可可含量为35%）	75克
开心果酱	20克
盐之花	1克

制作象牙色开心果香提丽奶油
CRÈME CHANTILLY IVOIRE PISTACHE

制作前一天，准备象牙色开心果香提丽奶油。把稀奶油和盐之花混合到一起，在平底锅中煮沸。把切碎的法芙娜象牙白巧克力和开心果酱一同放入容器中，然后倒入沸腾的稀奶油。用电动搅拌机搅拌。冷却后用保鲜膜封口，放入冰箱冷藏1晚。

酸味樱桃果冻

酸味樱桃酱	30克
葡萄糖浆	30克
琼脂粉	2克

制作酸味樱桃果冻 GELÉE GRIOTTE

制作当天，把所有配料加到一起，煮沸1分钟，之后在烘焙垫上摊平大约1厘米的厚度。放入冷冻柜，大约1小时，直到果冻成形。切成一个个边长3.5厘米的方块。

03

制作汉堡蛋糕坯
BISCUIT BURGER

　　预热烤箱至150℃，蛋清在室温下放置。把过筛糖霜和天然榛子粉放入容器中混合。在另一个容器里加入一份砂糖（约占1/3），把蛋清打成蛋白状，再分别加入两份砂糖，最后加入柠檬汁和盐。把蛋白和混合的榛子粉与糖霜轻轻地搅拌在一起。然后，把它们放入普通裱花嘴中。在烘焙垫上挤出20个直径4厘米的小圆包。在每个小汉堡上撒上芝麻和糖霜，放置5分钟，再撒上一层糖霜。放入烤箱烘焙15分钟。

汉堡蛋糕坯

蛋清	90克
糖霜	45克
糖霜（撒于表面）	少量
天然榛子粉	45克
砂糖	90克
柠檬汁	1滴
盐	1克
芝麻	4小撮

✳ 每一步骤参考第**20**页。

04

装点蛋糕
酸味樱桃果冻块	几块
糖霜	适量

装点蛋糕　DRESSAGE

　　用手动打蛋器把象牙色开心果香提丽奶油打白，填入螺纹裱花嘴中。把酸味樱桃果冻方块放到汉堡蛋糕坯的半份切面上。再挤上象牙色开心果香提丽奶油。然后，把酸味樱桃果冻块切成两半，取出一半放到每个有象牙色开心果香提丽奶油覆盖的汉堡蛋糕坯上，把剩下的一半汉堡撒上糖霜，盖到上面。

黑加仑栗子
小号角
迷你蛋糕
KOCKTAIL
CORNET MARRON CASSIS

10个小号角
制作：40分钟
提前准备：1晚

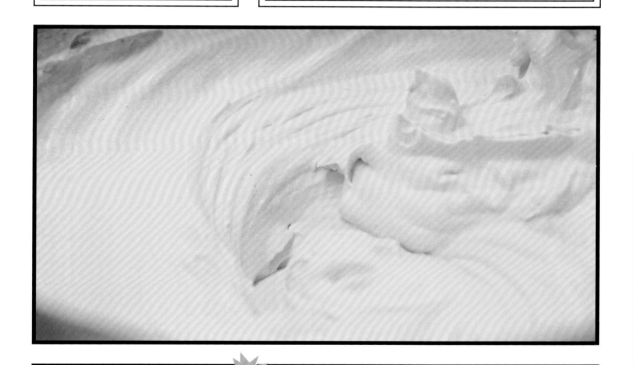

❋ 每一步骤参考第**48**页。

栗子香提丽奶油

稀奶油（超高温处理，脂肪含量为35%）	150克
栗子酱	90克
栗子奶油	45克
栗子泥	30克

01

制作栗子香提丽奶油
CRÈME CHANTILLY MARRON

制作前一天，准备栗子香提丽奶油。用平底锅加热稀奶油，煮沸。然后，在一个容器中加入栗子酱、栗子奶油和栗子泥，混合后倒入加热的稀奶油。用手持式搅拌机搅拌。冷却后，用保鲜膜封口，放入冰箱冷藏1晚。

紫罗兰炼乳

黑加仑泥	100克
覆盆子	100克
NH果胶	2克
红糖	20克
紫罗兰香精	1克

02

制作紫罗兰炼乳
CONFIT CASSIS VIOLETTE

制作当天，在平底锅中混合黑加仑泥和覆盆子，并加热。混合NH果胶和红糖，当锅内温度达到50℃时，把混合物加入平底锅中。再次煮沸，加入紫罗兰香精。冷却后放入冰箱中。

236

圆锥形蛋卷	
咸味馅饼酥皮	10张
黄油	50克
蜂蜜	50克

03

制作圆锥形蛋卷
CORNET

　　预热烤箱至170℃。把熔化的黄油和蜂蜜混合，之后用刷子再把混合物刷到咸味馅饼酥皮上。把每个酥皮切成四块，然后用厨房纸包好，放入直径3厘米的不锈钢圆锥中。在烤箱内烘烤10分钟，并把它们在烤箱内的网架缝隙之间放稳，之后烘焙至变为金黄色为止。

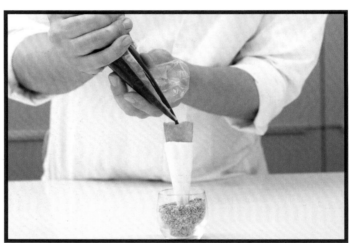

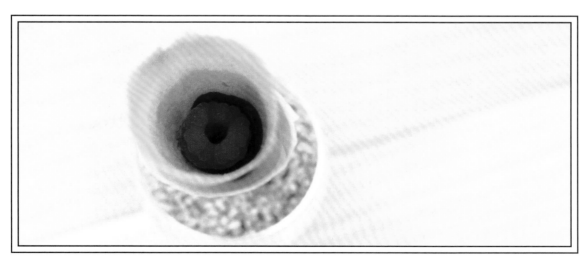

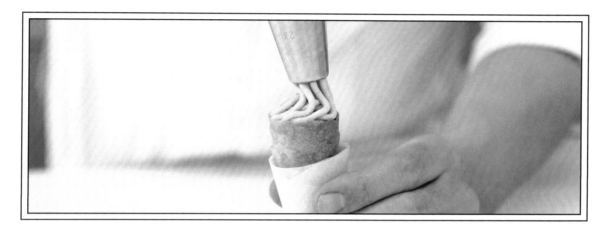

装点蛋糕

覆盆子	35个
金箔	少量
芝麻粒	100克
糖霜	适量

04

装点蛋糕
DRESSAGE

　　用搅拌器把栗子香提丽奶油打白，填入面条裱花嘴中。把芝麻粒倒入小杯子中。用厨房纸卷成一个小号角，插入芝麻粒中，之后把圆锥形蛋卷装入其中。把紫罗兰炼乳填入一个裱花袋中，挤入圆锥形蛋卷里一点，加2个覆盆子。再在每个圆锥形蛋卷里挤入栗子香提丽奶油，再加入紫罗兰炼乳和1个覆盆子。最后用栗子香提丽奶油挤出一个漂亮的蔷薇花形状，加上一点金箔。把剩下的覆盆子切两半。在覆盆子上撒上糖霜，然后把半个覆盆子放到每个圆锥形蛋卷上面。

巧克力慕斯
迷你蛋糕

KOCKTAIL
MOUSSE AU CHOCOLAT
TOTALEMENT HYSTÉRIK

4个慕斯
制作：40分钟
提前准备：2小时

巧克力慕斯

稀奶油（超高温处理， 　脂肪含量为35%）	100克
牛奶	50克
法芙娜圭那亚（Guanaja） 　黑巧克力（可可含量为70%）	120克
法芙娜塔纳里瓦（Tanariva） 　牛奶巧克力（可可含量为33%）	50克
蛋清	60克
红糖	20克
盐之花	适量

01

制作巧克力慕斯
MOUSSE AU CHOCOLAT

　　将稀奶油和牛奶放入平底锅中煮沸。把切碎的巧克力放入容器中。把沸热的稀奶油倒在巧克力上，之后用手持式搅拌机搅拌。再把蛋清打白，加入红糖和盐之花，当巧克力的温度达到50℃时，把蛋清倒入之前的巧克力中充分混合。

果仁糖浆

稀奶油（超高温处理， 　脂肪含量为35%）	85克
明胶片	2克
榛子果仁	130克

❋ 每一步骤参考第**62**页。

02

制作果仁糖浆
CONFIT PRALINÉ

　　把明胶片浸在水中。煮沸50克稀奶油，之后加入沥干水的明胶片。把煮沸的稀奶油倒入一个容器中，加入榛果仁，然后再加入剩下的稀奶油。用手持式搅拌机搅拌。放入冰箱。

❧ 小贴士 ❧

也可以把装在裱花袋中的巧克力慕斯放入冰柜中'保存，把它装饰在圆盘、小杯或小碟子里，再放入烤箱烘焙。

03

装点蛋糕

法芙娜圭那亚（Guanaja） 　黑巧克力（可可含量为70%）	200克
碎杏仁	75克
无麸脆皮（见第94页）	适量
焦糖榛子	几颗
法芙娜江都佳（Giandujia） 　巧克力（可可含量为32%）	几块
可可粉	少量

装点蛋糕
DRESSAGE

　　在一个四方形模具中冻一个足够大的冰块。当冰块开始成形结冰时，在中心插入一根牙签。然后切碎巧克力，在不超过30℃的温度下熔化法芙娜圭那亚黑巧克力，之后加入碎杏仁。冰块脱模，浸入热巧克力中。把每个巧克力壳在烘焙垫上塑形5~10分钟，再把冰块轻轻取出（见第128页）。然后，把巧克力慕斯放入裱花袋中，挤到蛋壳中。加入少量果仁糖浆，再撒一些无麸脆皮和焦糖榛子。用刮刀在法芙娜江都佳巧克力上刮出一片片巧克力屑（见第130页），并在上面撒一些可可粉。最后将其放在无麸脆皮上。

西番莲芒果水果慕斯 迷你蛋糕
KOCKTAIL
MOUSSE DE FRUITS MANGUE PASSION

4人份
制作：25分钟

01

简易芒果慕斯

芒果酱	270克
明胶片	5克
红糖	40克
青柠檬（取果皮碎末和果汁）	1/2个
稀奶油（超高温处理， 　脂肪含量为35%）	100克

制作简易芒果慕斯
MOUSSE MANGUE MINUTE

把明胶片浸在水中。把1/3的芒果酱和红糖放入平底锅中一起加热。当混合溶液达到60℃时，停火，加入明胶片以及青柠檬的果皮碎末和果汁。冷却到24℃。在这期间把稀奶油用起泡器打白，之后加进来。

西番莲镜面果胶

西番莲（取果汁及其籽儿）	8个
无色透明的镜面果胶	100克
黄色素	1滴

02

制作西番莲镜面果胶
NAPPAGE PASSION

把西番莲切成两半，倒出果汁和籽儿，清洗干净内壁，之后去掉覆盖的白色薄膜，成一个完整的空壳。保留一半西番莲，以备装点时用。把西番莲果汁和籽儿与无色透明的镜面果胶混合。加上黄色素。

➤ 小贴士 ➤

也可以用西番莲果酱或杏桃果酱代替镜面果胶。

03

装点蛋糕 DRESSAGE

把简易芒果慕斯加入到西番莲的壳中，用抹刀摊平。同时加热西番莲镜面果胶，淋到简易芒果慕斯上。最后给简易芒果慕斯上光。

菠萝苹果沙冰
迷你蛋糕

KOCKTAIL
SMOOTHIE
POMME ANANAS

4个沙冰
制作：20分钟

沙冰

维多利亚菠萝	1个
澳洲青苹果	5个
薄荷叶	20片
青柠檬（取果皮碎末和果汁）	
	1个
冰块	5个

制作沙冰
SMOOTHIE

把维多利亚菠萝切头切尾，去皮，切除四角，取出中心部分（参考第122页）。洗净薄荷叶。洗净澳洲青苹果。把4个苹果从底部向上的2/3处切开，然后把苹果的2/3用卡环卡住，用挖冰块的勺子挖空内部。第5个苹果去皮，切成4块，取出果核。之后把青柠檬果皮碎末和果汁、苹果肉、菠萝、薄荷叶和冰块混合。

装点蛋糕 *DRESSAGE*

用一个插口工具把剩下1/3的苹果顶部挖出一个小口，为了插入吸管。把之前准备的沙冰倒入2/3的中空苹果中，即可奉上。

244

柠檬酸奶
迷你蛋糕

KOCKTAIL
YAOURT AU CITRON

10个酸奶
制作：38分钟
放置：至少2小时

01

柠檬酸奶

稀奶油（超高温处理，
　脂肪含量为35%）　500克
砂糖　　　　　　　　　40克
绿柠檬（取果皮碎末）　2个
绿柠檬果汁　　　　　　40克

制作柠檬酸奶 *YAOURT AU CITRON*

　　把稀奶油加入到平底锅中，加入砂糖。在平底锅上方，用锉子刨碎绿柠檬的果皮，使果皮落入锅中。把锅放到火上，同时颠几下。待浸泡5分钟之后，用漏勺过滤，以去除柠檬皮。再加入绿柠檬果汁，用搅拌器搅拌均匀。把混合物倒入瑞士酸奶杯中，每个只填充3/4的容量。放入冷冻柜中至少2小时。

制作橙子果酱
COMPOTÉE ORANGE

　　切平橙子的两头，无论选择哪一头，立住橙子。从上到下，竖切果皮，同时要切除果皮和内部的白色部分。用刀刃切开果肉和包裹果肉的内果皮，随即切出橙子的鲜果肉（参考第126页）。把果肉切丁，之后与香草橙子果酱和盐之花混合。

02

橙子果酱

橙子　　　　　　　　2个
香草橙子果酱　　　　1汤勺
盐之花　　　　　　　1撮

03

黑砂糖瓦片

红糖	60克
黑砂糖	60克
黄油	50克
蛋清	80克
面粉	50克

✳ 每一步骤参考第**98**页。

制作黑砂糖瓦片
TUILES MUSCOVADO

过筛面粉。用微波炉烘烤黄油使其熔化。预热烤箱至175℃。在容器中混合红糖、黑砂糖和面粉。在混合面粉中加入蛋清，用搅拌器混合，之后再加入熔化的黄油。不停地搅拌直至变为半流体状。然后将其倒入一个裱花袋中，并打个结，以免流出液体。将裱花袋底部剪一个3~4毫米的开口。然后，在模具上铺上烘焙纸，沿着烘焙纸的长度，在其上面划出一个个饱满的长条。之后，放进烤箱内，烘焙8分钟。从烤箱中取出后，把成形的长条带子每个单独打卷。

↳ 小贴士 ↲

如果在裱花袋中还留有黑砂糖瓦片酱，可以把裱花袋放入冰柜中储藏，一个星期内都可以做蛋糕用。

装点蛋糕

绿柠檬的果皮碎末	少量

04

装点蛋糕 DRESSAGE

把橙子果酱装饰到柠檬酸奶上，其上用锉子刨碎绿柠檬的果皮，使得果皮落入其中。放上成卷的黑砂糖瓦片，然后就可以品尝了。

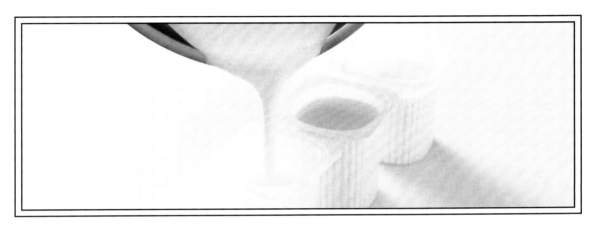

▲ 小贴士 ▲

橙子皮可以用来做糖浆，不要扔掉！将适量橙子皮放入混有1升水和500克糖的混合溶液中加热，直到成为半透明状。之后搅拌混合它，味道绝佳的糖浆就做好了。

248

森林草莓小蛋挞
迷你蛋糕

KOCKTAIL

**TARTELETTE FRAISE DES BOIS
ET QUELQUES DRAGÉES... DE MARIE**

本甜品由玛丽制作

10个小蛋挞
制作：50分钟

01

肉嘟嘟面团

含盐黄油	75克
红糖	60克
白杏仁粉	60克
中筋白面粉	60克
黄柠檬（取果皮碎末）	1/2个
盐之花	1克
薄脆片	20克

✸ 每一步骤参考第**110**页。

制作肉嘟嘟面团
PÂTE À ROUDOUDOU

预热烤箱至170℃。除了薄脆片，把所有配料倒入容器中搅拌，直到成为一个面团。然后加入薄脆片，将原料在两张厨房纸之间摊平。用卡环剪切出一个个直径4厘米的圆盘。把剪切出的小圆盘放入直径5厘米的半圆硅胶模具的背面，在烤箱中烘焙10分钟。

02

香草奶油

全脂牛奶	200克
香草荚	1根
砂糖	40克
蛋黄	40克
小麦淀粉	20克
稀奶油（超高温处理， 　脂肪含量为35%）	80克

制作香草奶油
CRÈME DIPLOMATE VANILLE

在平底锅中加入全脂牛奶和香草荚，煮沸。把砂糖、蛋黄和小麦淀粉混合，之后浇上香草牛奶，再次混合后放于平底锅中。一边加热一边晃动，直到再次煮沸。倒入另一个容器中冷却，之后用搅拌器搅拌均匀使其光滑。再用搅拌器把稀奶油打白，加入到之前准备好的甜点奶油当中。

草莓糖浆

草莓泥	200克
葡萄糖浆	20克
NH果胶	2克

03

制作草莓糖浆
CONFIT FRAISE

　　把草莓泥、葡萄糖浆和NH果胶放入平底锅中。均匀混合，煮沸，再次搅拌。冷却后用保鲜膜封口，放入冰箱冷藏1晚。

装点蛋糕

糖霜	少量
森林草莓	1包
压碎的杏仁糖片	几片
柠檬水芹叶子	几片

04

装点蛋糕 DRESSAGE

在半球体的肉嘟嘟面团边缘撒上糖霜。把草莓糖浆挤入面团中心一点儿。把香草奶油倒入螺纹裱花嘴中，之后把它挤到草莓糖浆上面。把森林草莓沿着边缘摆一圈儿，同时在边缘加上几片压碎的杏仁糖片和几片柠檬水芹叶子。

◣ 小贴士 ◥

为了易于操作，可以把已烘焙好的肉嘟嘟面团放入冷冻柜一段时间。

刺头棒棒糖
迷你蛋糕

KOCKTAIL
SUCETTES QUI PIKENT... DE FRANÇOIS

本甜品由弗朗索瓦制作

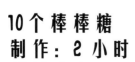

10个棒棒糖
制作：2小时
提前准备：48小时

日本柚子炼乳

日本柚子汁	45克
明胶片	2克
黄柠檬汁	20克
牛奶	25克
柠檬皮碎末	10克
鸡蛋	75克
砂糖	45克
可可脂	15克
盐之花	1克
黄油	100克

❋ 每一步骤参考第84页。

制作日本柚子炼乳
CRÈME ONCTUEUSE YUZU

　　制作两天前，准备日本柚子炼乳。把明胶片浸泡在冷水中。把日本柚子汁、黄柠檬汁、牛奶和柠檬皮碎末一起放入平底锅中，煮沸。在另一个容器中混合鸡蛋和砂糖。把芳香的牛奶混合液倒入容器中，搅拌后再倒回平底锅中，一边搅拌一边再次煮沸。然后，把锅从炉上移走，加入沥干水的明胶片、可可脂和盐之花。当混合溶液温度降到40℃时，一边分次加入黄油一边用浸入式混合器搅拌。冷却后用保鲜膜封口，放入冰箱冷藏1晚。

柠檬糖浆

黄柠檬	2个
黄柠檬汁	150克
水	100克
砂糖	100克

❋ 每一步骤参考第50页。

制作柠檬糖浆 CONFIT CITRON

　　制作两天前，取2个黄柠檬削果皮备用。用平底锅烧开水，把黄柠檬皮放在沸水里漂白三次。在另一个平底锅中加入黄柠檬汁、水和砂糖混合均匀。然后，把柠檬皮加入混合糖浆中用温火煮，直到柠檬皮呈半透明为止。再用手持式搅拌机搅拌。冷却后放入冰箱，用保鲜膜封口。

　　制作前一天，把日本柚子炼乳和柠檬糖浆倒入直径2厘米的球形模具中铸形，分别加入到10个棒棒糖模具中，同时插入一根小棒，把棒棒糖放在冷冻柜中冷冻1个晚上。

制作柠檬法式蛋白坯
BISCUIT MERINGUE FRANÇAISE CITRONNÉE

制作当天，把日本柚子炼乳从冰柜中拿出来，放置于室温下，之后加蛋清用搅拌机中速打白。分三次加砂糖搅拌混合，再缓缓地加入过筛糖霜、黄柠檬的果皮碎末及柠檬酸，用平铲结束整个混合过程。

柠檬法式蛋白坯

蛋清	100克
糖霜	100克
砂糖	100克
黄柠檬（取果皮碎末）	
	1个
柠檬酸	1克

04

装点蛋糕
月桂焦糖饼干	几块
黄柠檬	1/2个

装点蛋糕 DRESSAGE

　　棒棒糖脱模，在碾碎的月桂焦糖饼干粉末中翻滚两下。把棒棒糖的头部浸入到柠檬法式蛋白中，尽可能多蘸些蛋白。然后用焊枪灼烧蛋白。让其在冷藏室中解冻（因为柠檬糖浆是从冷冻柜中取出来的——译者释），这样才可以品尝到新鲜的棒棒糖。把1/2个柠檬底部切除一部分作底座，之后把棒棒糖插入到柠檬中。再加一些黄柠檬的果皮碎末。

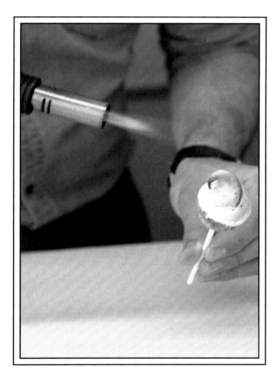

◣ 小贴士 ◢

在把日本柚子炼乳放入冰箱冷冻柜之前，先把容器放进去，当容器变凉之后，再放入日本柚子炼乳，这样会很快冻结。

怪味泡芙
迷你蛋糕

KOCKTAIL
CHOU EXOTIK... DE YANN

本甜品由杨制作

10个泡芙
制作：1小时30分钟
提前准备：1晚+室温1小时

01

西番莲炼乳

西番莲泥	80克
明胶片	1克
砂糖	50克
鸡蛋	100克
黄油	65克

制作西番莲炼乳
CRÈME ONCTUEUSE FRUIT DE LA PASSION

　　制作前一天，准备西番莲炼乳。把明胶片浸泡在水中。在平底锅中加热西番莲果酱，至沸腾。在另一个容器中混合鸡蛋和砂糖，加入到平底锅中，再次煮沸，其间不停地搅拌。然后，把锅从炉灶上移开后加入沥干的明胶片。让混合溶液自然降温至40℃，分次加入黄油，并用浸入式混合器不停地搅拌。冷却后用保鲜膜封口，放入冰箱冷藏1晚。

02

芒果酱

芒果	1个
青柠檬（取果皮碎末）	1个

制作芒果酱　*COMPOTÉE MANGUE*

　　把芒果去皮，取3/4个切成小丁。用叉子把剩下的芒果压碎成长条。最后加上一些青柠檬的果皮碎末。

❋ 每一步骤参考第**106**页。

泡芙面团

水	75克
全脂牛奶	75克
砂糖	3克
盐	3克
黄油	65克
涂抹烘烤垫的黄油	20克
中筋白面粉	80克
鸡蛋	150克

泡芙脆皮

软黄油	50克
红糖	60克
中筋白面粉	10克
黄色素	1克

❋ 每一步骤参考第**92**页。

04

制作泡芙脆皮
CROUSTILLANT POUR PÂTE À CHOUX

　　把所有的原料倒入罗伯特台式叶片电动搅拌器中搅拌，然后把原料混合物摊平在两张烘焙垫之间，保持2毫米的间隙。放入冰箱1小时，成形。用中空模具切成一个个直径3厘米的小圆包。

03

制作泡芙面团
PÂTE À CHOUX

　　制作当天，在平底锅中加入水、全脂牛奶、盐、砂糖和黄油，煮沸。把锅从炉灶上移走，一次性加入过筛后的所有中筋白面粉，重新开火，1~2分钟后烘干面团，使其与锅内壁不相粘。把面团放入叶片电动搅拌机中，用低挡搅拌。边搅拌边加入鸡蛋，直到成为一个均匀光滑的面团。之后装进10毫米圆嘴裱花袋中。

05

搭配面团与脆皮
CUISSON DES CHOUX ET DU CRAQUELIN

　　把直径3厘米的10个泡芙面团放到涂满黄油的烘烤垫上。把脆皮放在其上。预热烤箱至230℃，关闭，最后，放入泡芙面团20分钟。再次打开烤箱升温至160℃，烘焙10分钟。

巧克力薄片

法芙娜欧佩斯（Opalys）白巧克力（可可含量为33%）　　100克

✹ 每一步骤参考第**132**页。

06

制作巧克力薄片
DECOR CHOCOLAT

在不超过30℃的温度下熔化法芙娜欧佩斯巧克力，之后薄薄地摊平在一张甜品专用纸上。用卡环卡出10个直径3.5厘米的圆环，并取出。用牙签在圆环的周围勾勒出水滴般的形状，不间断地连接成一个闭环曲线，最终形成皇冠形状。

07

装点蛋糕

糖霜　少量
柠檬果皮
碎末　少量

装点蛋糕
DRESSAGE

把泡芙面团从底部2/3的位置切开，填进芒果丁，然后合并两部分，均匀压紧。把西番莲炼乳填进普通裱花嘴中，把它挤到芒果丁上。在巧克力装饰上撒一层糖霜，再把它放到泡芙面团上。用摩擦棒在面团上方搓一点儿柠檬果皮碎末。

◣ 小贴士 ◢

在加入黄油之前，要注意西番莲果酱冷却的温度，要精确在40℃。

第5章

创意蛋糕

LES KREATIFS

创意蛋糕是什么呢？

光有前面介绍过的甜品还不够。我有个想法，要在单纯的创意方面及甜点碟的呈现形式上，重新启航。

于是，我和我的团队把最新的食谱拿出来，为的是和你们分享和感受瞬间创意的快乐。

这些简易的甜点是为了瞬间的享受，不是为了长久保存。可以称之为一刹那的甜点。无论是热的、凉的、苦的、甜的或是咸的，我愿意即兴发挥。我们创造，传播，改变，旅行，创新……探索，不停地改进，乐此不疲。我想这种持之以恒的探索精神必定早已融入我的灵魂中。

我的甜心贝里尼
创意蛋糕
KRÉATIF
BELLINI À MÔAAA

4个贝里尼
制作：55分钟
提前准备：1晚

香槟桃子冰淇淋

桃子泥	70克
桃红香槟	100克
水	100克
香草荚	1根
砂糖	30克
葡萄糖浆	40克

制作香槟桃子冰淇淋
SORBET PÊCHE CHAMPAGNE

制作前一天，把桃子泥和桃红香槟倒入容器中。把香草荚纵向切开，去籽，与水一起加入到平底锅中，加热至45℃，之后加入砂糖和葡萄糖浆，然后大火加热到85℃。把混合原料倒入桃子酱和玫瑰香槟中。取出香草荚，用手持式搅拌机搅拌。冷却，用保鲜膜封口，放入冰箱冷藏1晚。1晚之后，将其放入冰淇淋机中，直到转变成冰淇淋为止。

汉堡蛋糕坯

蛋清	55克
糖霜	25克
糖霜（撒于表面）	少量
天然榛子粉	25克
砂糖	55克
柠檬汁	1滴
盐	1克
芝麻	几撮

每一步骤参考第**20**页。

制作汉堡蛋糕坯
BISCUIT BURGER

制作当天，预热烤箱至150℃，蛋清在室温下放置。把过筛糖霜和天然榛子粉放入容器中混合。在另一个容器里加入一份砂糖（约1/3），把蛋清打成蛋白状，之后分别加入两份砂糖，再加入柠檬汁和盐。然后，把蛋白和混合的榛子粉与糖霜轻轻地搅拌在一起。之后把它们放入普通裱花嘴中。在烘焙垫上挤出一个个直径4厘米的小圆包。在每个小汉堡上撒上芝麻和糖霜，放置5分钟，再撒上一层糖霜。放入烤箱烘焙15分钟取出即可。

03

覆盆子玫瑰酱

覆盆子	125克
柠檬（取果皮碎末和果汁）	1/2个
糖	1捏
盐	1捏
玫瑰精华	1滴

制作覆盆子玫瑰酱
COMPOTÉE ROSE FRAMBOISE

把覆盆子放到容器中，加入柠檬汁和柠檬果皮碎末，用勺子压碎。加入糖、盐和玫瑰精华。

04

装点蛋糕
覆盆子	16个
香槟	40毫升
玫瑰花瓣	4片

装点蛋糕
DRESSAGE

在玻璃杯中倒入一点儿覆盆子酱。在汉堡蛋糕坯中心加一点覆盆子玫瑰酱和覆盆子。再把香槟酒桃子冰淇淋置于其上方，加上玫瑰花瓣。把香槟倒入玻璃杯中，最后把汉堡蛋糕坯放在最上面。

超级凉爽
创意蛋糕
KRÉATIF
CAKE... GRAVE GIVRÉ

1个蛋糕
制作：1小时45分钟
提前准备：1晚

01

象牙色柠檬香提丽奶油

稀奶油（超高温处理，	
脂肪含量为35%）	250克
法芙娜象牙白巧克力	
（可可含量为35%）	75克
黄柠檬（取果皮碎末）	1个

制作象牙色柠檬香提丽奶油
CRÈME CHANTILLY IVOIRE CITRON

　　制作前一天，准备象牙色柠檬香提丽奶油。在平底锅中加热稀奶油。切碎巧克力，与柠檬的果皮碎末一起加入到容器中。把沸腾的稀奶油倒入容器中，用手持式搅拌机搅拌所有混合物。冷却后用保鲜膜封口，放入冰箱冷藏1晚。

草莓冰淇淋

草莓	150克
砂糖	50克
葡萄糖浆	30克
水	40克
红色色素	1滴

制作草莓冰淇淋
SORBET FRAISE

　　制作前一天，同时需要准备草莓冰淇淋。洗净草莓，去果蒂，放入容器中。在平底锅中加热水至45℃，加砂糖，之后加入葡萄糖浆，升温至85℃。把加热的食材倒到草莓上。用手持式搅拌机搅拌，可以用红色色素把草莓酱适当调红。冷却后用保鲜膜封口，放入冰箱冷藏1晚。

　　1晚过后，把食材放入冰淇淋机中，冻成冰淇淋即可。

❋ 每一步骤参考第**118**页。

02

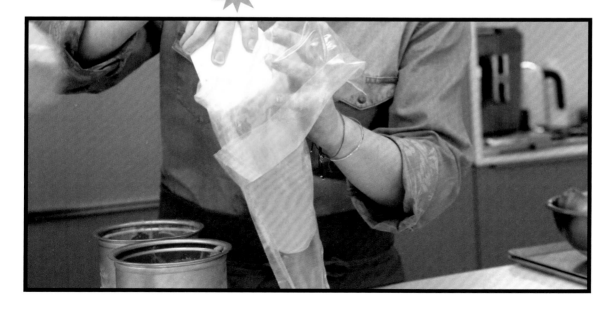

03

芝士蛋糕冰淇淋

牛奶	160克
稀奶油（超高温处理，脂肪含量为35%）	30克
葡萄糖浆	5克
砂糖	60克
蛋黄	10克
费拉德尔菲亚（Philadelphia®）芝士	20克

❉ 每一步骤参考第**114**页。

制作芝士蛋糕冰淇淋
CRÈME GLACÉE CHEESECAKE

制作前一天，同时需要准备冰淇淋。在平底锅中加热牛奶和稀奶油至45℃，之后加入葡萄糖浆。在容器中混合砂糖和蛋黄。把准备好的原料趁热倒入容器中，再倒回平底锅中，均匀搅拌。加热平底锅直到85℃，一边加热一边搅拌。在另一个容器中加入费拉德尔菲亚芝士，然后倒入前面准备的食材，用手持式搅拌机搅拌。冷却后用保鲜膜封口，放入冰箱冷藏1晚。1晚过后，放入冰淇淋机中，转变成冰淇淋即可。

❉ 每一步骤参考第**26**页。

柠檬蛋糕坯

鸡蛋	120克
砂糖	180克
黄柠檬（取果皮碎末）	2个
高脂肪奶油	85克
橄榄油	50克
面粉	150克
酵母粉	2克
黄油	20克

04

制作柠檬蛋糕坯 BISCUIT CITRON

制作当天，预热烤箱至170℃。把鸡蛋、砂糖和柠檬果皮碎末（用小刀沿柠檬黄色果皮外缘削出一层果皮）加入电动搅拌机中搅拌，直到打发体积微微膨胀至原来的两倍后停止搅拌。加入高脂肪奶油。把过筛后的面粉与酵母粉混合后加入到前面搅拌的混合物中，再加入橄榄油。把备料填入普通裱花嘴，挤入7厘米×17厘米已涂抹黄油的蛋糕模具中。放进烤箱烘焙40分钟。出炉后，距蛋糕边缘1厘米处沿边切成一个小长方形整块。然后在蛋糕底部插进刀柄，切出一条细缝，这时可将整个长方体取出。把其切成小方块并置于一旁，收集起来。

制作草莓糖浆
CONFIT FRAISE

把草莓果酱、葡萄糖浆和NH果胶倒入平底锅中，均匀混合，煮沸。再次混合均匀，冷却后放入冰箱，用保鲜膜封口。

05

草莓糖浆

草莓果酱	250克
葡萄糖浆	25克
NH果胶	2克

装点蛋糕

黄柠檬（取果皮碎末）	1个
草莓	几颗
糖霜	少量

06

装点蛋糕 DRESSAGE

用搅拌器把象牙色柠檬香提丽奶油打白，把它填入普通裱花嘴中。然后，把草莓冰淇淋和芝士蛋糕冰淇淋各倒入一个裱花袋中，再用第三个裱花袋包裹住它们，然后向蛋糕里挤入混合冰淇淋填满蛋糕内部。用勺子把表面抹平。之后，在其上挤象牙色柠檬香提丽奶油，挤成S曲线。其上加一些黄柠檬的果皮碎末、柠檬蛋糕坯小块儿和几小滴草莓糖浆。最后把草莓切成圆片，在其上撒一些糖霜，放到蛋糕上。

超级炫目维也纳
创意蛋糕
KRÉATIF
BISCUIT VIENNOIS ULTRA FLASHY

1个蛋糕
制作：1小时45分钟
提前准备：1晚

柠檬草椰子冰淇淋

柠檬草	1根
椰子酱	170克
青柠檬（取果皮碎末）	1个
水	100克
砂糖	30克
葡萄糖浆	10克

制作柠檬草椰子冰淇淋
SORBET COCO CITRONNELLE

制作前一天，把柠檬草切成块。在平底锅中将水加热，直到45℃。之后加入砂糖、柠檬草块和葡萄糖浆，继续加热至85℃。然后，把椰子酱和青柠檬的果皮碎末加入到容器中。用漏勺过滤加热的混合溶液，倒入容器中。用手持式搅拌机搅拌。冷却后，用保鲜膜封口，放入冰箱冷藏1晚。1晚过后，放入冰淇淋机中，冻成冰淇淋即可。

椰子果冻

椰子酱	150克
砂糖	5克
琼脂粉	1克

制作椰子果冻
GELÉE COCO

在平底锅中加热椰子酱、砂糖和琼脂粉，之后煮沸。放入一个槽中，冷却后放入冰箱。当形成果冻状后，将其切成一个个边长5毫米的正方块。

❋ 每一步骤参考第**100**页。

杨·芒歌瓦片

含盐黄油	30克
砂糖	30克

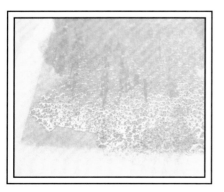

制作杨·芒歌瓦片
THILE YANN MENGUY

预热烤箱至190℃。用微波炉轻度烘烤黄油使其熔化。用刷子在不粘模具表面刷一层含盐黄油。在不粘模具上涂一层砂糖，同时轻轻摇晃，使砂糖铺均匀。把不粘模具放进烤箱内，烘焙2分钟。之后从烤箱中取出，冷却1分钟，把表面的那层糖衣揭开，放到一个干燥的地方。

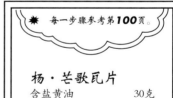

04

维也纳蛋糕坯

蛋清	60克
蛋黄	40克
砂糖	105克
鸡蛋	100克
中筋白面粉	50克

❋ 每一步骤参考第 **38** 页。

制作维也纳蛋糕坯
BISCUIT VIENNOIS

预热烤箱至180℃。蛋清在室温下放置。把蛋黄、80克砂糖及100克鸡蛋混合在一起。在另一个容器里分三次加入剩下的砂糖，把蛋清打成蛋白状。把混合原料和蛋白轻轻地搅拌在一起，之后加入中筋白面粉。再把准备好的原料摊开在烘焙垫上，做成35厘米×20厘米的矩形状。放入烤箱烘焙12~15分钟。

05

草莓宾治

水	100克
砂糖	30克
草莓酱	50克

制作草莓宾治
PUNCH FRAISE

在水中加入砂糖，煮沸，倒入草莓酱，混合后用刷子将其蘸湿在温热的维也纳蛋糕坯上。

红色水果酱

草莓酱	200克
覆盆子泥	125克
越橘酱	50克
黑加仑泥	80克

06

制作红色水果酱 COMPOTÉE FRUITS ROUGES

加热所有材料，蒸发果酱中的水分，待果酱的量减半后，用抹刀在维也纳蛋糕坯上薄薄地涂上一层果酱。

07

镜面果胶

果胶	250克
红色素	1克

制作镜面果胶 NAPPAGE NEUTRE

　　加热果胶和红色素。之后，如果有需要，加一点儿水来稀释果胶。

装点蛋糕
DRESSAGE

　　轻轻地将维也纳蛋糕坯卷成卷儿。撤出厨房纸，并保证蛋糕层层紧紧相连。之后放入冰柜中大约10分钟。把蛋糕放在网架上，网架下放置一个回收槽，再把镜面果胶淋在蛋糕上面。反复操作，以保证蛋糕卷儿均匀地沾满果胶。放入冰箱里几分钟。然后，切除蛋糕两头，以保证光滑平整，之后加上椰子果冻。把4个越橘和4个覆盆子都切半，2个草莓切成圆片。把糖霜撒在这些水果上。再把细棒的柠檬草切成一个个长度10厘米的小段，柠檬草的尾部微微卷成半圆形。将它与那些红色水果一起放在蛋糕上。再加上杨·芒歌瓦片和几片金箔，同时加几片蝴蝶花瓣。伴随柠檬草椰子冰淇淋一起奉上。

08

装点蛋糕

金箔	1片
越橘	4个
覆盆子	4个
草莓	2个
柠檬草	1棒
蝴蝶花瓣	几片
糖霜	适量

非凡创意蛋糕
KRÉATIF
MERVEILLEUX
DE LA MORT QUI TUE

4个蛋糕
制作：2小时55分钟
提前准备：1晚

275

象牙色茉莉花茶香提丽奶油

稀奶油（超高温处理，脂肪含量为35%）	350克
茉莉花茶	15克
法芙娜象牙白巧克力（可可含量为35%）	45克

制作象牙色茉莉花茶香提丽奶油
CRÈME CHANTILLY IVOIRE THÉ JASMIN

制作前一天，准备象牙色茉莉花茶香提丽奶油。把稀奶油倒入平底锅中煮沸。然后把锅从炉灶上移开，加入茉莉花茶，密封浸泡3分钟。将切碎的巧克力放入容器中。再把之前沸热的混合溶液通过漏斗盛在巧克力上。用搅拌器搅拌。冷却后用保鲜膜封口，放入冰箱冷藏1晚。

菠萝冰淇淋

菠萝酱	200克
水	50克
砂糖	50克
葡萄糖浆	25克

制作菠萝冰淇淋
SORBET ANANAS

制作前一天，把菠萝酱倒入容器中。将水倒入平底锅中加热至45℃。加入砂糖和葡萄糖浆，然后升温至85℃。通过漏斗把混合溶液倒入菠萝酱中，用手持式搅拌机搅拌。冷却后用保鲜膜封口，放入冰箱冷藏1晚。1晚过后，放入冰淇淋机中，冻成菠萝冰淇淋即可。

法式蛋白蛋糕坯

蛋清	100克
糖霜	100克
砂糖	100克
焦糖果仁（见第134页）	几个

※ 每一步骤参考第**30**页。

制作法式蛋白蛋糕坯
BISCUIT MERINGUE
FRANÇAISE

制作当天，预热烤箱至90℃，使用通风烤箱。蛋清在室温下放置。在另一个容器里把蛋清打成蛋白状，分三次加入砂糖，用平铲将过筛糖霜轻轻加入蛋白中。然后，把上述混合物填进普通裱花嘴中，在烘焙垫上挤出一个个直径7厘米的小圆包。再把焦糖果仁撒在小圆包上面。放入通风烤箱中烘焙1小时，之后把蛋白底部轻轻地凿开，形成一个个蛋壳。重新放入烤箱烘焙1小时，使其完全风干。

芒果酱	
芒果	1个
芒果酱	70克
青柠檬（取果皮碎末）	1个

制作芒果酱 COMPOTÉE MANGUE

把芒果切丁，然后用芒果酱和青柠檬的果皮碎末给其加料。

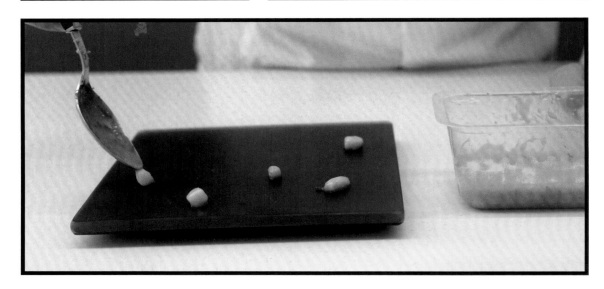

05

装点蛋糕

杨·芒歌瓦片
　（见第100页）　少量
青柠檬
　（取果皮碎末）　1个

装点蛋糕 DRESSAGE

　　用搅拌器把象牙色茉莉花茶香提丽奶油打白，填充到螺纹裱花嘴中。把芒果酱点缀到甜点盘子上。再向蛋壳中填入象牙色茉莉花茶香提丽奶油，之后加入芒果。随后加上一球菠萝冰淇淋，最后用象牙色茉莉花茶香提丽奶油覆盖在上面。在甜点盘上挤出1小滴象牙色茉莉花茶香提丽奶油，将蛋壳置于其上，以稳住蛋壳。最后，加一点青柠檬的果皮碎末和一点芒果丁，然后把几片杨·芒歌瓦片插到象牙色茉莉花茶香提丽奶油上。

散兵千层叶
创意蛋糕
KRÉATIF
MILLEFEUILLE DESTRUCTURÉ

4人份
制作：2小时
提前准备：1晚

吉安杜佳炼乳

法芙娜加勒比（Caraïbe）黑巧克
  力（可可含量为66%） 55克
法芙娜吉安杜佳（Gianduja）巧克
  力（可可含量为32%） 95克
稀奶油（超高温处理，
  脂肪含量为35%） 160克
蜂蜜 15克
黄油 15克
盐之花 1克

制作吉安杜佳炼乳
CRÈME ONCTUEUSE GIANDUJA

　　制作前一天，准备吉安杜佳炼乳。把稀奶油和蜂蜜混合并煮沸。切碎两种巧克力，放入容器中，之后把第一步的热混合液浇到巧克力上。用搅拌器搅拌，再用手持式搅拌机有力地混合。待温度降至40℃，分次加入黄油，一边加入一边用浸入式混合器搅拌。撒上盐之花。冷却后用保鲜膜封口，放入冰箱冷藏1晚。

橙子糖浆

橙子 1个
橙汁 55克
砂糖 35克

✳ 每一步骤参考第52页。

制作橙子糖浆
CONFIT ORANGE

　　提前一晚，准备橙子蜜饯。用削果刀削橙子果皮备用。用平底锅把水烧开，把橙子皮在沸水里煮三次。在另一个平底锅中加入橙汁和砂糖，混合后把橙子皮加入其中，用文火煮，直到橙子皮出现半透明为止。用手持式搅拌机搅拌。放入冰箱冷藏。

巧克力瓦片

法芙娜圭那亚（Guanaja）黑巧克力
（可可含量为70%）　　　　　　35克
水　　　　　　　　　　　　　　30克
黄油　　　　　　　　　　　　　60克
可可粉　　　　　　　　　　　　2克
砂糖　　　　　　　　　　　　110克
NH果胶　　　　　　　　　　　 2克
葡萄糖浆　　　　　　　　　　　35克

❈ 每一步骤参考第96页。

制作巧克力瓦片
TUILE CHOCOLAT

　　预热烤箱至180℃。把切碎的法芙娜圭那亚黑巧克力放入容器中。把水和葡萄糖浆倒入平底锅中，将混合好的砂糖和NH果胶也加入平底锅中，同时加进黄油、可可粉，然后把混合食材煮沸。之后倒在巧克力上，搅拌混合后把混合物摊平在烘焙垫上，要摊得特别薄，之后放入烤箱烘焙10~12分钟。

装点蛋糕

法芙娜巴依贝（Bahibé）牛奶巧克力（可可含量为46%）	100克
焦糖杏仁	几个
含法芙娜（Valhrona®）麸片的巧克力丸	几个
橙子	1个

装点蛋糕
DRESSAGE

在不超过30℃的温度下熔化法芙娜巴依贝牛奶巧克力，薄薄地摊平在一张甜品专用纸上，成形之后，切出一个个直径3.5厘米的圆片（见第132页）。把吉安杜佳炼乳填进普通裱花嘴中。将它在甜点碟子上挤出一个个小句号。准备1个橙子的鲜果肉，把橙子糖浆作为额外的辅料加入其中，放置于吉安杜佳炼乳句号之间，作装饰。在每个吉安杜佳炼乳上面加一片巧克力圆片。撒一些焦糖杏仁，再加一些含法芙娜麸片的巧克力丸。最后，把巧克力瓦片插入到巧克力丸上。

◤ 小贴士 ◥

你可以加蜂蜜
代替糖。

苹果派创意蛋糕
KRÉATIF
TARTE AUX POMMES

1个蛋糕
制作：2小时10分钟
提前准备：1晚 + 室温1小时

01

月牙面团

中筋面粉	300克
盐	7克
砂糖	35克
全脂牛奶	150克
天然酵母	18克
洋槐花蜜	10克
软黄油	45克

制作月牙面团
PÂTE À CROISSANTS

制作前一天，除了软黄油，把所有配料倒入电动卷叶缸中，以最高速度搅拌5分钟，再用二挡速度搅拌10分钟，放入容器中，用保鲜膜封口，放入冰箱冷藏1晚。1晚过后，展开面团成四方形，把软黄油抹到中心处，再把面团折叠成一个信封，之后压平，摊开面团成长方形，横着折叠三下，放入冰箱30分钟。把面团再摊开成一个长长的长方形，然后重复上述动作，横着折叠三下，放入冰箱30分钟。摊开面团，用直径18厘米的圆形卡环切割面团。

02

加糖苹果派奶油

含盐软黄油	100克
黑砂糖	100克
高脂肪奶油	100克
糖霜	适量

制作加糖苹果派奶油
CRÈME À TARTE AU SUCRE

制作当天，把软黄油、黑砂糖和高脂肪奶油混合。填入一个普通裱花嘴中。在月牙面团上，呈蜗牛状地挤出加糖苹果派奶油，装点面团，然后放入烤箱烘焙40分钟。之后在月牙面团周围撒上糖霜。

03

香草梨苹果酱

黄香蕉苹果	325克
西洋梨	150克
水	30克
砂糖	85克
香草荚	1根

制作香草梨苹果酱
COMPOTÉE POMME POIRE VANILLE

　　把黄香蕉苹果和西洋梨去皮，切成小块。在平底锅中把水煮沸，加入砂糖以及香草荚，直至加热到113℃。加入苹果块和梨块，文火煮20分钟。取出香草荚，用手持式搅拌机搅拌。把香草荚、梨和苹果的混合酱抹在月牙面团上。

装点蛋糕

澳洲青苹果	3个
红加仑	几颗
杨·芒歌瓦片（见第100页）	少量

装点蛋糕
DRESSAGE

　　清洗，凿空澳洲青苹果，之后把果肉切成一个个细棒。加到果酱的上方。再加几颗红加仑和几个杨·芒歌瓦片。

◣ 小贴士 ◢

你也可以到面包店里买已做好的月牙面团。

精致蛋挞创意蛋糕
KRÉATIF TATIN TOUTE FINE

4个蛋挞
制作：1小时25分钟
提前准备：1晚

287

❋ 每一步骤参考第 **42** 页。

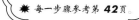

象牙色香草香提丽奶油

稀奶油（超高温处理，脂肪含量为35%）	250克
香草荚	1根
香豆	1/4个
法芙娜象牙白巧克力（可可含量为35%）	50克

01

制作象牙色香草香提丽奶油
CRÈME CHANTILLY IVOIRE VANILLE

制作前一天，用平底锅加热稀奶油，香草荚纵向割开，去籽，把豆子拨入稀奶油中，香豆也加入锅中，一起加热至沸腾。把切碎的法芙娜象牙白巧克力放入容器中，用漏勺把前面准备好的沸腾原料注入到容器中。之后用打蛋器搅拌混合物。冷却后用保鲜膜封口，放入冰箱冷藏1晚。

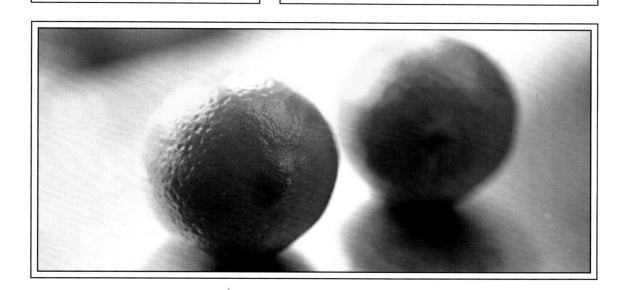

02

马鞭草绿柠檬冰淇淋

绿柠檬汁	150克
砂糖	55克
奶粉	10克
水	75克
葡萄糖浆	30克
马鞭草叶	10克

制作马鞭草绿柠檬冰淇淋
CRÈME GLACÉE CITRON VERT VERVEINE

制作前一天，把砂糖和奶粉放入容器中混合。将水加热至45℃。加入混合粉和葡萄糖浆，然后升温至85℃。把马鞭草放在另一个容器中，倒入加热的混合食材和绿柠檬汁。用手持式搅拌机搅拌，并用漏勺过滤。冷却后，用保鲜膜封口，放入冰箱冷藏1晚。1晚过后，放入冰淇淋机中，冻成冰淇淋即可。

焦糖菠萝

菠萝	1个
砂糖	60克
盐之花	1克

制作焦糖菠萝 *ANANAS CARAMEL*

制作当天，切掉菠萝两头，削皮，去除硬的部分（见第122页），之后切成小丁。把砂糖放到平底锅中加热，直到变为焦糖色。把菠萝丁放入平底锅中，烹饪2分钟，加入盐之花。除水沥干。用4个直径8厘米的圆环裹住保鲜膜，并且保证保鲜膜裹得紧（也可加热圆环使得保鲜膜紧绷在环上）。把圆环倒置，使得保鲜膜在底部，然后把菠萝丁放在保鲜膜上，达到5毫米的高度。最后平整地压紧保鲜膜。

焦糖桂皮酱

桂皮	2根
砂糖	150克
稀奶油（超高温处理，脂肪含量为35%）	250克
盐之花	2克

制作焦糖桂皮酱 SAUCE CANNELLE CARAMÉLISÉE

把砂糖倒入平底锅中加热，直到变为焦糖色，然后加入桂皮。再加入稀奶油。把混合食材放在锅中煮沸。取出桂皮，加入盐之花。

制作林茨柠檬面团
PÂTE À LINZER CITRON

　　预热烤箱至160℃。把过筛糖霜、马铃薯淀粉、低筋白面粉、黄柠檬的果皮碎末和盐混合。在电动和面搅拌机中搅动软化100克黄油，之后与混合粉一起搅拌，但注意不要打得过分浓稠。把前面准备的原料在两张厨房纸之间摊平，同时用叉子在底部戳几个洞。放入烤箱20分钟。面团碾碎。加入10克熔化的黄油。这样可以形成面团夯实的纹理。

林茨柠檬面团

糖霜	35克
马铃薯淀粉	20克
低筋白面粉	100克
黄柠檬（取果皮碎末）	1个
盐	2克
黄油	100克
已熔化的黄油	10克

❋ 每一步骤参考第**108**页。

装点蛋糕
DRESSAGE

　　把象牙色香草香提丽奶油填进普通裱花嘴中，在菠萝丁上挤几毫米厚的奶油。其上放林茨柠檬面团。余下的奶油放入冰箱。再把焦糖桂皮酱放入用厨房纸卷成的小裱花袋中，在甜点盘周围装饰的圆圈里填入焦糖桂皮酱。再把圆环倒转放入甜点盘中，取下包裹的保鲜膜，让圆环内的蛋糕缓缓下降，轻轻地脱模取出圆环。取一块丸子大小的马鞭草绿柠檬冰淇淋放在上面，最后加一片马鞭草叶。

马鞭草创意蛋糕

KRÉATIF FRESH VERVEINE... DE MARIE

本甜品由玛丽制作

1个蛋糕
制作：1小时20分钟
提前准备：1晚 + 室温2小时

01

马鞭草炼乳

马鞭草叶	10克
明胶片	2.5克
牛奶	105克
稀奶油（超高温处理， 　脂肪含量为35%）	65克
黄油	5克
砂糖	20克
小麦淀粉	5克
蛋黄	30克
马斯卡邦尼奶酪	85克

制作马鞭草炼乳
CRÈME ONCTUEUSE VERVEINE

　　制作前一天，准备马鞭草炼乳。把明胶片浸到水中，在平底锅中煮沸牛奶、稀奶油和黄油。之后将锅从炉灶上移走，放入马鞭草叶，浸泡3分钟。然后，在一个容器中混合砂糖、小麦淀粉和蛋黄。用漏斗将之前准备好的混合液倒入容器中，再倒回平底锅中，再次煮沸1分钟，其间不停地搅拌。之后加入沥干的明胶片和马斯卡邦尼奶酪。用手持式搅拌机搅拌所有混合食材。冷却后用保鲜膜封口，放入冰箱冷藏1晚。1晚之后，将马鞭草炼乳加入到直径2厘米的棒棒糖圆头模具中，放入冷冻柜中2小时。脱模，并在每个球上插一根牙签。

02

覆盆子冰淇淋

覆盆子泥	120克
砂糖	30克
葡萄糖浆	15克
水	55克
红色素	1滴

制作覆盆子冰淇淋
SORBET FRAMBOISE

　　制作前一天，同时需要准备覆盆子冰淇淋。把覆盆子酱放入容器中。在平底锅中把水加热到45℃，加入葡萄糖浆，继续加热至85℃。把准备好的混合物倒入覆盆子酱中。用手持式搅拌机搅拌，如果需要获得接近草莓红的颜色，适当加点红色素。冷却后用保鲜膜封口，放入冰箱冷藏1晚。1晚过后，放入冰淇淋机中，冻成冰淇淋即可。

✸每一步骤参考第**56**页

覆盆子糖浆

覆盆子泥	200克
葡萄糖浆	20克
NH果胶	2克

制作覆盆子糖浆
CONFIT FRAMBOISE

　　制作当天，把覆盆子泥、葡萄糖浆和NH果胶一起倒入平底锅中。充分混合、煮沸、搅拌，冷却后用保鲜膜封口，放入冰箱冷藏。

03

04

加糖饼干

鸡蛋	20克
中筋面粉	70克
盐之花	1克
糖霜	30克+适量
黄油	45克
杏仁粉	10克

制作加糖饼干
PÂTE SUCRÉE

　　预热烤箱至160℃。鸡蛋在室温下放置。把黄油放入叶片搅拌缸，将其打软，之后加入鸡蛋和杏仁粉。再加入过筛中筋面粉、盐之花和30克糖霜。将这个面团摊平在硅胶垫上，形成一个厚度约2毫米的平面。切一个直径为20厘米的半圆，再切一个直径为11厘米的半圆，最终形成一个月牙的形状。放入烤箱烘焙10分钟。最后在月牙饼干上撒上适量糖霜。

05

镜面果胶

无色透明的镜面果胶	250克
红色素	1克

制作镜面果胶 NAPPAGE

加热无色透明的镜面果胶和红色素。之后，如果有需要，加一点儿水来稀释果胶。把马鞭草炼乳小球浸入红色果胶中。

06

装点蛋糕

糖霜	少量
杏仁酱	20克
杏仁糖碎片	几片
新鲜的覆盆子	几个
马鞭草叶	几片
金箔	少量

装点蛋糕
DRESSAGE

在甜点盘上挤几滴杏仁酱，这样可以微微托起月牙饼干。把马鞭草炼乳小球放到月牙饼干上，在两侧挤上几滴覆盆子糖浆。把新鲜的覆盆子切成薄片，然后撒上糖霜。将其放到月牙饼干上。最后加上马鞭草叶、杏仁糖碎片和金箔。

芒果椰子长管
创意蛋糕

KRÉATIF
TUB'O COCO MANGUE...DE FRANÇOIS
本甜品由弗朗索瓦制作

椰子香提丽奶油

稀奶油（超高温处理，脂肪含量为35%）	250克
马斯卡邦尼奶酪	25克
卡哈依波斯（Caraïbos®）椰子奶油	25克

01

制作椰子香提丽奶油
CRÈME CHANTILLY COCO

将所有配料混合，用浸入式混合器均匀，再放入冰箱冷藏。

绿柠檬芒果慕斯

稀奶油（超高温处理，脂肪含量为35%）	225克
芒果酱	540克
红糖	35克
明胶片	6.5克
青柠檬（取果皮碎末和果汁）	1个

03

椰子长管

椰子酱	70克
烘焙刨碎的椰子块	15克
蛋黄	20克
鸡蛋	25克
砂糖	10克
冷冻黄油	25克
明胶片	0.5克

02

制作椰子长管 TUB'O COCO

明胶片浸在水中。在平底锅中加入椰子酱、蛋黄、鸡蛋和砂糖，一边搅拌一边加热到85℃。之后加入沥干水的明胶片和切块的冷冻黄油。用手持式搅拌机搅拌，直到成为一个均匀、光滑的面团。加入烘焙刨碎的椰子块，再倒入由甜品专用纸包裹的长30厘米、直径1.5厘米的管道模具中。放入冷冻柜冷冻30分钟。

制作绿柠檬芒果慕斯
MOUSSE MANGUE CITRON VERT

用搅拌器将稀奶油打白，直到形成慕斯的触感。把明胶片浸入水中。在平底锅中加热一半的芒果酱，再加入沥干水的明胶片。把这个热混合液加入到剩下的芒果酱中。加入青柠檬汁、新鲜果皮碎末和红糖，混合，当混合液的温度降至30℃时，加上已打白的稀奶油。在长34厘米、直径4厘米的管道模具内包裹一层甜品专用纸。将绿柠檬芒果慕斯倒入管道模具中。再把椰子长管放到模具中间位置，之后慕斯将包裹住整个椰子长管。将其放入冷冻柜中2小时。

04

达克斯椰子蛋糕坯

蛋清	180克
糖霜	160克
杏仁粉	65克
刨碎的椰子	100克
结晶糖	50克
黄油	20克

制作达克斯椰子蛋糕坯
BISCUIT DACQUOISE COCO

预热烤箱至170℃，蛋清在室温下放置。把过筛的糖霜、杏仁粉和刨碎的椰子混合。在蛋清中分两次加入结晶糖，搅拌，打白。将混合粉加进来。在长34厘米、高5厘米的模具上涂抹黄油，将混合食材摊平在模具上，放入烤箱烘焙12分钟。最后撒上刨碎的达克斯椰子碎末。

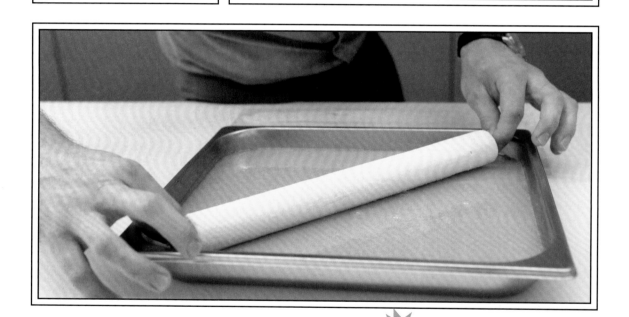

05

制作芒果镜面
GLACAGE MANGUE

把明胶片浸在水中。在平底锅中加热芒果酱、西番莲泥和水。将NH果胶和砂糖混合，然后加入到平底锅中。将所有混合溶液在平底锅中煮沸。加入沥干水的明胶片和金箔。将所有混合溶液用手持式搅拌机搅拌。当准备好的混合物的温度达到35℃时，把绿柠檬芒果慕斯脱模，浸入到芒果镜面中，再放到达克斯椰子蛋糕坯上面。

芒果镜面

芒果酱	500克
西番莲泥	75克
明胶片	11克
砂糖	150克
NH果胶	15克
水	250克
金箔	2克

06

装点蛋糕
法芙娜欧佩斯（Opalys）白巧克力
　　（可可含量为33%）　　　　　　50克
新鲜椰子屑　　　　　　　　　　　几片
金箔　　　　　　　　　　　　　　少量

装点蛋糕
DRESSAGE

　　在30℃时熔化巧克力，在甜品专用纸上将其摊开。使其缓缓成形，然后切一个2厘米×20厘米的巧克力长带和两个直径为4厘米的巧克力圆片（见第132页）。用搅拌器把椰子香提丽奶油打白，把它放入直嘴中。沿着椰子长管两侧，挤入椰子香提丽奶油小句点。再把巧克力长带放到长管上，将香提丽奶油呈波浪状挤到巧克力长带上。然后，把巧克力圆片贴到椰子长管的两头。在巧克力长带的一头放上金箔，最后将椰子屑置于椰子香提丽奶油上方。

芒通创意蛋糕
KRÉATIF
MENTON... DE YANN
本甜品由杨制作

6个芒通蛋糕
制作：3小时20分钟
提前准备：1晚

01

柠檬冰淇淋

砂糖	35克
奶粉	4克
水	100克
葡萄糖浆	20克
黄柠檬（取果皮碎末）	1个
黄柠檬汁	70克

制作柠檬冰淇淋
SORBET CITRON

　　制作前一天，把砂糖和奶粉混合。将水加热至45℃。再加入混合糖粉、葡萄糖浆和黄柠檬的新鲜果皮碎末，升温至85℃。冷却后倒入黄柠檬汁中。用浸入式混合器搅拌，之后放入冰箱冷藏1晚。1晚过后，放入冰淇淋机中，冻成冰淇淋即可。

02

制作法式蛋白蛋糕坯
BISCUIT MERINGUE FRANCAISE

　　制作当天，预热烤箱至90℃，使用通风烤箱。蛋清在室温下放置。在另一个容器里分三次加入砂糖，把蛋清打成蛋白状。用平铲将过筛糖霜和黄色素轻轻加入蛋白中。把上述混合物填入普通裱花嘴中，然后在烘焙垫上挤出12个直径4厘米的小圆包。再放入通风烤箱中烘焙1小时。出炉之后，将圆面包挖空成蛋壳，放入烤箱1小时，彻底烘干。

法式蛋白蛋糕坯

蛋清	100克
糖霜	100克
砂糖	100克
黄色素	1滴

✹ 每一步骤参考第**30**页。

03

面屑

中筋面粉	35克
糖霜	15克
白杏仁粉	15克
黄油	30克
红糖	15克
盐	1克
绿柠檬果肉丁	2克

制作面屑 CRUMBLE

　　升温烤箱至160℃。过筛中筋面粉、糖霜和盐，然后加入白杏仁粉。除了绿柠檬，混合所有配料放入叶片搅拌缸中搅拌，但是不要搅拌得过于浓稠。使用奶酪锉刀，将其锉碎。摊平在烘焙垫上，烹饪10~12分钟。把绿柠檬果肉丁加入到面屑当中，混合。

薄荷柠檬肠

柠檬汁	85克
薄荷叶	3片
明胶片	2.5克

04

制作薄荷柠檬肠 WRUST CITRON MENTHE

　　将柠檬汁和薄荷叶一起加热，然后加入明胶片，搅拌。然后倒入一个真空气压罐中。

小贴士

如果你没有
真空气压罐，
可以使用搅拌器
把混合物打白，
使其冰冷。

05

装点蛋糕

捣碎的椰子	100克
黄色素	3滴
高脂肪奶油	50克
马鞭草叶	几片
可塑形巧克力	20克

装点蛋糕
DRESSAGE

将捣碎的椰子与黄色素混合。用刷子将法式蛋白蛋糕坯的外壳包裹一层高脂肪奶油，然后将其浸入椰子和黄色素的混合物中。将法式蛋白蛋糕坯的其中半个壳中填满面屑，并点缀上一点柠檬冰淇淋。在另外半个壳中倒入薄荷柠檬肠（德语是WRUST）。用抹刀将其抹平。把两个半壳合并，轻轻压紧实。然后，将其在椰子和黄色素的混合物中再次翻滚一下。加上一片马鞭草叶。用可塑形巧克力制作一个小梗，装点在这些小柠檬果上。

302

附录
ANNEXES

303

更多创意

想要创造你自己的奇幻蛋糕和玻璃杯蛋糕，如果没有指导，很可能会偏离你的愿望和灵感。

如果你能灵活使用这本书，穿插不同的制作方法组合出不同的创意设计，那么你就是一个名副其实的甜点大师了。

下表罗列了不同口味的搭配方案，可以指引你走向未来的创作之路。

	杏	果仁	菠萝	香蕉	咖啡	巧克力	柠檬	红色水果
杏		⚡				★		✹
果仁	✹				●	✹	⚡	●
菠萝		●		✹		✹		✹
香蕉		★	⚡		✹	★		✹
咖啡		✹		★		⚡		★
巧克力	✹	●	✹	✹	✹		✹	⚡
柠檬		✹				✹		
红色水果		✹	●			✹	●	
生姜	●	★				✹	★	✹
芒果	⚡		✹				✹	✹
甜瓜		●						⚡
椰子		✹	★	●		✹	⚡	✹
橙子	✹	⚡	✹		✹	⚡	✹	
梨		✹		✹		●		
苹果		●	✹					●
大黄		✹						✹
香草	●	★	⚡		✹	✹	✹	⚡

下面几个例子，展示了利用本书基础篇的内容组合出新的蛋糕：

果仁草莓奇幻蛋糕
杏仁脆皮（见第90页）
热那亚蛋糕坯（见第32页）
酸味樱桃蜜饯（见第223页）
杏仁香提丽奶油（见第40页）

巧克力西番莲奇幻蛋糕
马里尼巧克力蛋糕坯（见第24页）
西番莲炼乳（见第86页）
焦糖香提丽奶油（见第163页）
巧克力薄片（见第132页）

茉莉西番莲玻璃杯蛋糕
西番莲炼乳（见第86页）
异国风情果酱（见第70页）
柠檬蛋糕坯（见第26页）
无麸脆皮（见第94页）
象牙色茉莉花茶香提丽奶油（见第45页）

开心果杏玻璃杯蛋糕
开心果炼乳（见第82页）
特罗卡德罗开心果蛋糕坯（见第36页）
无麸脆皮（见第94页）
杏糖浆（见第58页）
象牙色开心果香提丽奶油（见第46页）

生姜	芒果	甜瓜	椰子	橙子	梨	苹果	大黄	香草

度量标准

1个柚子榨出来的果汁=30毫升
1个黄柠檬榨出来的果汁=40毫升
1个橙子榨出来的果汁=60毫升

1个鸡蛋=50克
1个鸡蛋的蛋黄=20克
1个鸡蛋的蛋清=30克

如果在一个食谱中你仅仅需要30克鸡蛋，
打碎鸡蛋，混合搅拌，称出30克。
余下的鸡蛋可以收起来，为下一个食谱做准备。

1片明胶片=2克
10毫升的水=10克
10毫升的油=8克

1咖啡勺的量=5毫升水；4克面粉；5克糖
1汤勺的量=15毫升水；10克面粉；14克糖
1水杯的量=150毫升水；100克面粉；140克糖

一些食材的重量平均值

1个杏=45克
1根香蕉=200克
1个黄柠檬=140克
1个青柠檬=100克
1颗草莓=8克
1个覆盆子=3克

1个橙子=200克
1个柚子=300克
1个桃=140克
1个梨=140克
1个苹果=140克

必不可少的工具

1个烹饪温度计：
在做特别讲究温度的烹饪时，
非常有用。

1台手持式电动搅拌器：
用于轻轻地搅碎多种食材的
混合物。

1台台式搅拌器：
可以换装打蛋器圆头、面缸钻头和叶
片，是做香提丽奶油和蛋清打白以及
搅拌蛋糕坯等必不可少的用具。

1台公平秤：
需精准。

一些**裱花嘴塑料口袋**及以下的**各类裱花嘴**，
用于制作和最后装点蛋糕：
1个普通裱花嘴
1个花嘴
1个圆嘴
1个直嘴

1个硅胶垫：
在其上可以摊开大量的食材，
最大的好处是食材与垫子不粘连，
便于操作。

1个模具：
模具直径18厘米、高2厘米。
在制作玻璃杯蛋糕和奇幻蛋糕的时
候，必不可少。

食材介绍

柠檬酸 ACIDE CITRIQUE：你可以到有机商店中找到天然酸。一般情况下也可以用柠檬汁代替。1克柠檬酸相当于10克柠檬汁。

小麦淀粉 AMIDON DE BLÉ：淀粉来自小麦的提取物，可以加强食材的黏稠度。在药房（法国的药房与国内不同——译者释）可以买到它。（在国内，从超市可以买到。编者注）

可可脂 BEURRE DE CACAO：来自植物的脂肪食材，由咖啡豆压榨而成。你可以在甜点食材专卖店购买或在网上订购。

可塑形巧克力 CHOCOLAT PLAS-TIQUE：它是真正"可塑造的圆饼"。可塑形巧克力为甜点添加了创意的装饰。你可以在甜点食材专卖店购买或在网上订购。

法芙娜巧克力 CHOCOLAT VALRHONA：是我在制作甜点时使用的巧克力。你也可以使用其他与其可可含量相同的巧克力来替代它。可可含量的多少已在制作的甜品中标明。你可以在高档食品杂货店、甜点食材专卖店购买或在网上订购。

食物色素 COLORANT ALIMENTAIRE：为你的食材增添色彩的理想配料，在大型超市中可以买到。

金箔 FEUILLE D'OR：利用轧制机取得一层特别薄的黄金片。你也可以在甜点食材专卖店购买或在网上订购。

香荚豆 FÈVE TONKA：它是在柚木中香薰出来的一种水果，在高档食品杂货店、甜点专卖店或网上都可购买。

可食用的花 FLEURS COMESTIBLES：你可以去你的花园里采集到！一定不要去花店购买，因为花店里的花都喷洒过农药。如果你想使用书中没有写到的花品，需要向药剂师询问、确认是否可以食用。

盐之花 FLEUR DE SEL：是最负盛名的法国顶级海盐。是盐田最上面的很薄的那层盐的结晶，像一层霜。产量稀少。

吉安杜佳 GIANDUJA：将榛子、未过焦的糖霜和巧克力混合，具有特殊的稠腻感和口感。在高档食品专卖店、甜点食材专卖店或网上都可购买。

甘那 GRUÉ：是由烹炒过并且已被轧碎的可可豆制成的。甘那味苦，在蛋糕最后装点的时候使用。在甜点食材专卖店或是在网上可以找到。

柠檬水芹 LIMON CRESS：它黄色的苗上有柠檬的味道。要想买一包柠檬水芹，你可以在一个特殊的专卖稀有蔬菜和水果的网站上选购，如www.fruitsdelaterre.com。你也可以用罗勒替代它。

无色透明的镜面果胶 NAPPAGE NEUTRE：无色透明的镜面果胶可使你的甜点增加光亮。它由糖、葡萄糖浆和水组成。在甜点食材专卖店或是在网上可以找到。

薄脆片 PAILLETÉ FEUILLANTINE：这是花边烙饼的碎片边缘，用于给你准备的原料提供一些脆片。可以在网上或是甜点食材专卖店中买到，或者你也可以自己到一个牌子叫Gavottes®的大型超市里买花边烙饼，然后拿回来压碎取出即可。

栗子酱、杏仁含量为70%的杏仁酱、开心果酱、榛子酱 PÂTE DE MARRON, PÂTE D'AMANDE À 70 %, PÂTE DE PISTACHE, PÂTE DE NOISETTE：

栗子酱和杏仁酱都是利用加糖增加紧实度的食材。开心果酱和榛子酱不掺杂任何其他调料。这些都可以在甜点食材专卖店或在网上买到。

NH果胶，X58 PECTINE NH, PECTINE XS8：从这两个学术名称可以看出它们属于两种明胶，通过制作的带果肉的甜品是否使用加以区分。NH果胶用于制作含有水果的甜点，X58用于制作不含有水果的甜点。你可以在甜点食材专卖店或在网上买到。

棕色粉、黄金粉 POUDRE BRONZE, POUDRE D'OR：可食用的装饰粉，在结束甜点的制作前最后一步使用。你可以在甜点食材专卖店或在网上买到。

杏仁糖 PRALINÉ：非常美味的甜饼。它由水果干和糖组成。可以在甜点食材专卖店或在网上买到。

水果酱 PURÉES DE FRUITS：水果酱是简单地将水果压碎、混合而制成的。你可以用新鲜水果自己制作，也可以在甜点食材专卖店或在网上买到。

爆米花粒 RIZ SOUFFLÉ：爆米花粒是把大米强加热得到的。你可以在有机商店里找到已成形的爆米花粒。

葡萄糖浆 SIROP DE GLUCOSE：从玉米淀粉或马铃薯淀粉里萃取的精华，葡萄糖浆呈半透明状，比较黏稠，这样可以避免甜点上的糖结晶。你可以在甜点食材专卖店或在网上买到。

枫糖 SUCRE D'ÉRABLE：枫糖浆在大型超市中很容易买到，可是枫糖却很难找到。你可以在一个专卖加拿大进口食品的网站www.terredepepites.fr上找到。这种糖是由枫糖浆蒸馏之后得到的。

黑砂糖 SUCRE MUSCOVADO：是一种未经过提炼的红棕色甘蔗，在有机商店里可以买到。

巴纽尔斯甜葡萄酒 VIN DOUX BANYULS：有两个级别，即巴纽尔斯AC（BANYULS AC）和巴纽尔斯特级AC（BANYULS GRAND CRU AC）。做甜品建议用便宜的，酒香以新鲜果味为主。

日本柚子 YUZU：是源自亚洲的一种香气十足的甜果，到日本食品杂货店可以买到。

几个有用的网址和地址

网站	巴黎G Detou专卖店	里昂G Detou专卖店
www.cook-shop.fr www.cuisineaddict.com	G Detou 58, rue de Tiquetonne 75002 Paris 巴黎Tiquetonne路58号，邮编：75002	G Detou Lyon 4, rue du Plat 69002 Lyon 里昂plat路4号，邮编：69002

外卖和精品课堂

就像我常提起的，有三位大师对我影响深远。

贾斯通·雷诺特（Gaston Lenôtre），他提出了使用原料精华制作甜点。这样做出的甜点赢得了大家的赞美。感谢他，使我们品尝到了不油腻的蛋糕，比如秋之叶（la Feuille d'automne）、拉巴加泰勒（le Bagatelle），还有苏士（le Schuss）。

皮埃尔·艾尔梅（Pierre Hermé），贾斯通视其如子（在皮埃尔14岁的时候就师从贾斯通——译者释），他用他的才能创造甜点，令甜品成为了我们今天所认识的高级食品。有几款产品已经成为了经典款，如伊斯法罕（l'Ispahan），它是由覆盆子、玫瑰花及荔枝混搭而成的。

菲利普·康帝辛尼（Philippe Conticini），味觉高手，他将法式经典的甜点推陈出新，出品了卓越的巴黎-布雷斯特（Paris-Brest）以及柠檬蛋挞，这些作品令我痴迷……

沿着三位甜点大师的足迹，我开启了创造自己风格的路程，体验了一些全新事物，力求自己能够配得上成为他们的继承者。

纵观现代甜点界，我认为保持现有一成不变的风格是没有出路的。令人遗憾的是，从甜点界优秀的朋友们身上，主观地看，我看不到他们带来的更多的新鲜事物……正因如此，我愿意开拓一个有趣的、有创意的甜品行业，在花样变化多端的街头装饰上我也找到了很多灵感！

如今，我已结束了在橱窗里摆满100种糕点的时代，而用完全新鲜的、当日即过期的糕点来替代！

我并不想要一个单纯的甜点店，而是想要一个可以相互交流的、有生活的地方。我在这里可以与那些来买甜点或是买其他东西的客人交流，或是经过一段时间的课程，使他们能够轻松地掌握从事职业所需的所有技巧！

我曾经也想过，耳边荡漾着动听的音乐，在阳光下边听音乐边工作。不仅如此，我还要脱下职业装，换上更有个性的衣服。在我看来，传统的职业装没有给甜点师增添价值，而换上一件漂亮的衬衫和银色的运动鞋来做甜品，更让这份工作充满了创意的感觉。为什么不呢？简言之，想成为一个现代的甜点师，要与时代接轨！

我非常自豪地向你们展示我的甜品世界，同时还有我非常挚爱的团队！

欢迎来到我的甜品世界！

外卖随身带走

精品课堂

材料索引

致谢

德尔斐妮（Delphine），我的缪斯女神，我的爱，我的精神支柱，是她使我每天充满力量。

达柳斯（Darius）和维克多（Victor），我的养子和儿子，我要给你们无尽的爱。

玛丽（Marie）、弗朗索瓦（François）和杨（Yann），每天伴我进行这个美丽的冒险之旅，我对你们三位厨师的爱无以言表。

德尔斐妮（Delphine）、克拉拉（Clara）和柔伊（Zoé），三个优秀的女孩，是你们保证了米沙拉克外卖甜品和精品课堂的成功。

鲁航·福（Laurent Fau），唯一给我的甜点添加了生命的人。（他是摄影师，用漂亮的镜头诉说甜点的故事——译者释）

李奈·努拉（Rina Nurra），由于你的才能和幽默，成功地创造了一个由一批疯狂的人组成的世界。

史蒂芬·布何治（Stéphane de Bourgies），一位摄影之王，是他带给我每张漂亮的照片。

阿莱·杜卡斯（Alain Ducasse）编辑室：爱丽丝（Alice）、依格郎汀（Eglantine）、卡米尔（Camille）和伊曼纽尔（Emmanuel），一个很棒的团队，以你们的专业精神给予最快速的反应和最高的时间效率，我非常欣赏你们。

皮埃尔·他颂（Pierre Tachon），是他创造了米沙拉克宇宙和我的商标，为艺术家赞一个。

玛丽·德厚蒂勒（Marie Deroudhile），我眼里世上最好的建筑师，感谢你构筑了这个美丽的课堂。

菲利普·康帝辛尼（Philippe Conticini），一位甜点大师，当我每次品尝他的作品的时候，我都会质疑自己是否还有欠缺，因为他的蛋糕简直太好吃了，太高端了！

所有人，我爱你们！

319

总监

伊曼纽尔·金厚–那九 (Emmanuel Jirou-Najou)

责任编辑

爱丽丝·顾埃 (Alice Gouget)

编辑

依格郎汀·安德烈–拉菲布鲁 (Églantine
André-Lefébure)

摄影师

鲁航·福 (Laurent Fau)

李奈·纽伊阿 (Rina Nurra)

史蒂芬·布何治 (Stéphane de Bourgies) (封面拍摄)

艺术总监

皮埃尔·他颂 (pierre Tachon)

图形设计

索因图形设计公司 (Soins Graphiques)

索菲·布里斯 (Sophie Brice)

阿加特 (Agathe)

文本

德尔斐妮·米沙拉克 (Delphine Michalak)

影印

诺德·康泊 (Nord Compo)

市场与对外关系负责人

卡米尔·顾内 (Camille Gonnet)
camille.gonnet@alain-ducasse.com

图书在版编目（CIP）数据

法式烘焙创意宝典：世界烘焙大师米沙拉克的105堂烘焙课 /
(法)克里斯托弗·米沙拉克（Christophe Michalak）著；
姚泪醨，殷宁译. —北京：化学工业出版社，
2016.10
　　ISBN 978-7-122-28005-3

　　I.①法… II.①克… ②姚… ③殷… III.①甜食-
制作 IV.①TS972.134

　　中国版本图书馆CIP数据核字（2016）第211556号

Michalak Masterbook by Christophe Michalak
ISBN 9782841237371
Copyright© 2014 by Alain Ducasse Editions. All rights reserved.
Authorized translation from the French language edition published by Alain Ducasse Editions.
Simplified Chinese Character rights arranged with LEC through Dakai Agency.

本书中文简体字版由部分LEC授权化学工业出版社独家出版发行。

未经许可，不得以任何方式复制或抄袭本书的任何部分，违者必究。

北京市版权局著作权合同登记号：01-2015-7507

责任编辑：王丹娜　李娜　丰华　　　内文设计：北京创视线国际文化发展有限公司
责任校对：程晓彤　　　　　　　　　　　　　　　姚泪醨
文字编辑：李锦侠　　　　　　　　封面设计：周周設計局

出版发行：化学工业出版社（北京市东城区青年湖南街13号　邮政编码100011）
印　　装：北京瑞禾彩色印刷有限公司
889mm×1194mm　1/16　印张20½　字数　400千字　2017年3月北京第1版第1次印刷

购书咨询：010-64518888（传真：010-64519686）　售后服务：010-64518899
网　　址：http://www.cip.com.cn
凡购买本书，如有缺损质量问题，本社销售中心负责调换。

定　　价：158.00元　　　　　　　　　　　　　　　　　　版权所有　违者必究

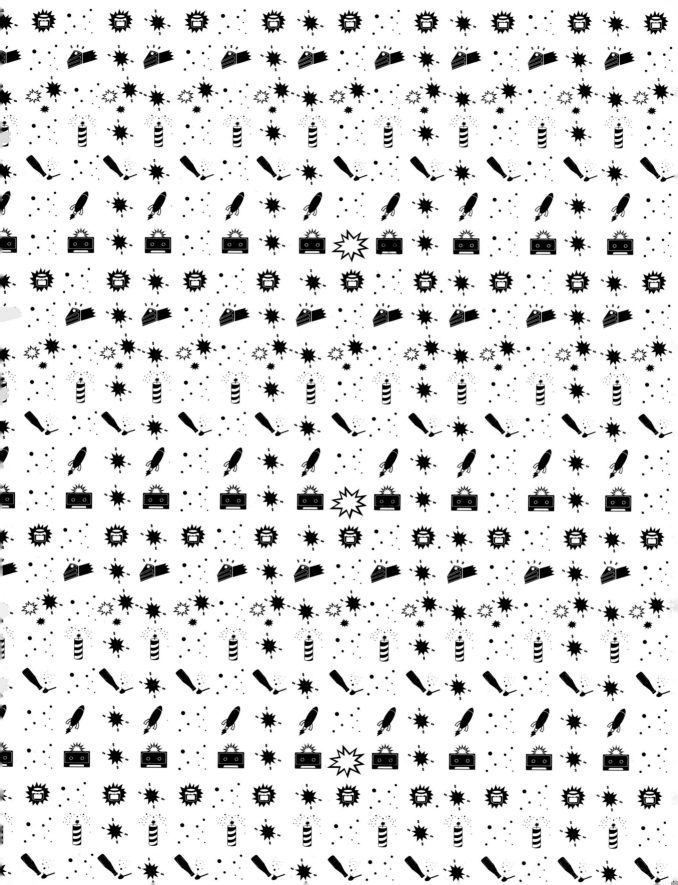